U0019782

步 行 の 漫 遊 視 角 ： 東 京 商 圈 路 地 橫 丁

等不及飛去日本玩？

嚴選各類平台、通路，找到日本直送的小物

禾白小三撇 著

450YEN

作者序

疫情一直起起伏伏，
改變了我很多習慣，
原本時常外出用餐，
每年都一定去日本，
這幾年以來的磨練，

開始發掘在台灣的～
實體通路電商平台！

找日本的料理用具～
開始學習自己下廚。
找日本直送的零食～
果汁甜點泡麵軟糖。
找日本直送的生鮮～
水果海鮮特產醬料。
找日本限定的商品～
美食文具小物擺飾。

等不及飛去日本玩：
除了著重單品推薦，

增加我二十多年來～
日本旅遊巷弄推薦，
以往的作品較常用，
很多店家來帶商圈，
這回首次用商圈的～
重要景點視角分享，
稱為步行漫遊視角，

有助於第一次想去，
或已去過日本東京，
的朋友更清楚地用，
愜意的步行慢慢來，
逛東京的路地橫丁～

目錄

目錄

尋在台灣買得到の
日本料理應援小物

近兩年因疫情影響，
開始在家自己學習
自製料理，
也發現有很多日本
的餐具產地，
會特別標示來自
日本新潟縣燕三條。
而燕三條指的是
日本新潟縣燕市
與三條市兩市，
主要交通為燕三條車站，
新潟縣燕三條一直以來，
都是日本的金屬工藝
餐具製造重鎮。
在東京淺草的
合羽橋道具街，
你也會發現很多餐具
特別標示新潟縣燕三條，
代表日本人
對此地區所製造的餐具，
有著非常認同
的榮譽感與信心。

在台灣的購買通路推薦：
台隆手創館、
MOMO購物網
TOKYU HANDS旗艦館
與各商品代理商
的經銷店與電商平台

尋在台灣買得到の
日本刨絲小物

LOVE JAPAN！

SHIMOMURA
刨絲器

MADE IN JAPAN，
不鏽鋼材質可以支援
洗碗機與乾燥機，
方便清洗與烘乾，
刨下來的絲薄度
達1.5mm，
刨絲或去皮
都蠻快速方便，
刨絲器上方兩邊，
有像凸出來的U型設計，
可以去除根莖類蔬果，
市價約550元。

尋在台灣買得到の日本刨絲小物

LOVE JAPAN !

AKEBONO
削皮刀

用直立式削皮刀不習慣
的朋友有福啦！
折疊式的削皮刀
加上下面防滑的設計，
使用時有一點像在拿烤肉
夾一樣的手勢施力，
同時也支援
直立式的使用方式，
包裝左方就有
削紅蘿蔔的示意圖，
市價約300元。

尋在台灣買得到の
●日本刨絲小物

**VEGE CRAFT
兩用刀**

大谷翔平二刀流？
哈！不是！
是真的有兩種刀片，
將削皮與切絲兩種刀片
正反兩面合一的設計。
MADE IN JAPAN，
有點像男生
刮鬍刀的手感，
紅色拱起的部分
可以去掉食材的芽，
市價約300元。

尋在台灣買得到の
日本刨絲小物

KAI housewares
高麗菜刨絲器

利用手掌的發力原理，
有點像帶手套
一般的方式，
包裝右下角標示
可左右手兩用，
無限制角度的去皮方式，
為高麗菜專用，
市價約390元。

尋在台灣買得到の
日本刨絲小物

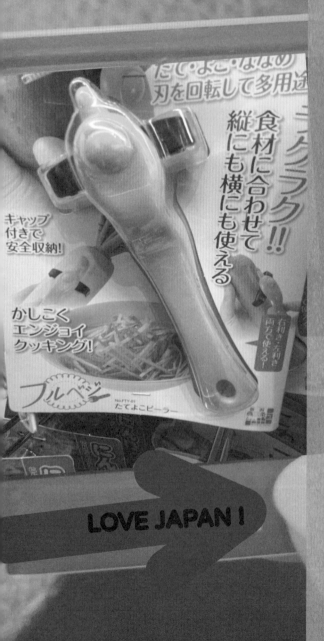

LOVE JAPAN！

新潟燕三條
回轉多用途刨刀

直立式的握把，
包裝上標示刀片
設計成可回轉式，
與安全收納，
支援各角度削皮方式，
任意回轉的刨刀，
市價約350元。

尋在台灣買得到の
日本刨絲小物

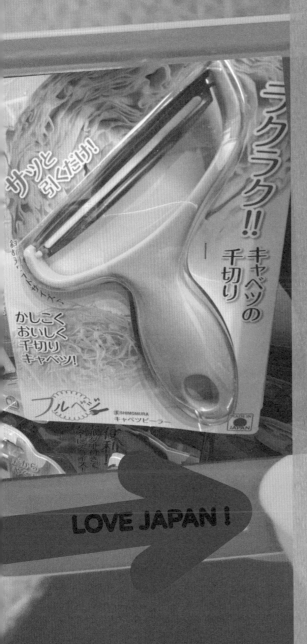

サッと引くだけ!!

ラクラク!! キャベツの千切り

斜め... ...から...

かしこくおいしく千切りキャベツ!

フルベジ

SHIMOMURA キャベツピーラー

MADE IN JAPAN

LOVE JAPAN !

SHIMOMURA
高麗菜刨刀

每個食材都有
不同的外型特性,
此款專門為高麗菜不規則
的屬性所設計的刨刀,
可以在家就做出
日本餐廳才能吃到的,
漂亮細絲狀的高麗菜,
包裝上標示出
斜面的刀刃,
讓你瞬間習得一般廚師
苦練多年才有的刀工,
市價約300元。

尋在台灣買得到の
日本刨絲小物

LOVE JAPAN！

PRO GRADE
刨絲器

包裝上方標示千切，
而人參很多人
誤以為是人蔘，
其實是紅蘿蔔，
包裝圖片上也有
刨小黃瓜的範例，
此刨絲器刨出來的絲
口感更精緻，
包裝左邊廚師帽的圖樣，
讓人在家也能擁有
專業廚師刨絲的技能，
市價約400元。

尋在台灣買得到の
日本刨絲小物

Broad beans
馬鈴薯削皮器

日本貝印出品，
標榜便利的操作手感，
能將原本不好處理
的食材表皮，
例如馬鈴薯…等
食材去皮，
市價約190元。

尋在台灣買得到の
日本刨絲小物

Arnest
玉米粒取器

想要用新鮮玉米粒
料理食物，
但又不想用罐頭玉米粒，
可以用這款安全便利
的玉米粒取器，
包裝右邊標示
可以不用太大力，
透過特殊設計的刀刃，
完整的取下玉米粒
市價約420元。

尋在台灣買得到の
日本刨絲小物

LOVE JAPAN !

SHIMOMURA
刨片器

MADE IN JAPAN，
非常容易的操作方式，
包裝上標示
可將食材三階段刨絲，
是專業廚師擺盤入門款，
市價約880元。

尋在台灣買得到の
日本刨絲小物

**VEGETABLE
LIVE
五德野菜調理器**

MADE IN JAPAN，
包裝上標示支援削皮、
刨絲、磨泥、去皮…
等功能，
五合一的綜合料理器具，
非常適合剛開始嘗試
自己料理食物時使用，
市價約350元。

LOVE JAPAN！

尋在台灣買得到の
日本刨絲小物

スパゲティ・グラタン
などの風味作りに粉チ
ーズは欠かせません。
本品は、挽きたての
ーズがそのまま振り
けられるアイデア製

軽くて扱いやすく、金
属部が簡単に取り外せ
るので、洗いもラクに
できます。

LOVE JAPAN !

GRATER
起司器

輕量的結構設計，
可讓刨下的起司
完美降落，
附有容器好收納，
金屬的部分非常好清洗，
市價約275元。

尋在台灣買得到の
日本刨絲小物

EASY WASH
刨片器

支援洗碗機與烘碗機，
包裝上右邊標示
防止食材滑動，
還設計0.5～3.5mm
的調節機能，
左邊示意圖以小黃瓜
為範例，
讓刨下的食材
不易脫手滑脫，
市價約390元。

尋在台灣買得到の
日本磨泥小物

新瀉燕三條
磨薑器

此款專門用來
處理生薑磨泥，
可以依照當天
需使用的生薑量，
來控制磨多少
比例的薑，
使用後方便好清潔，
市價約500元。

便利!!
すりおろしてそのまま
カップに入れられる!

手軽に
しょうがおろし

LOVE JAPAN！

尋在台灣買得到の
日本磨泥小物

大蒜取片磨泥器

一體兩用可以
製作出蒜泥與蒜片，
方便好清潔，
我自己也很愛吃蒜，
可以製作出有如去到
知名牛排館用餐時，
擺盤後完美
橢圓形的蒜片，
市價約1,200元。

LOVE JAPAN！

尋在台灣買得到の日本磨泥小物

LOVE JAPAN !

VAGE CRAFT
蒜頭去皮器

MADE IN JAPAN，
親膚的材質，
只要將整顆
帶皮蒜頭置於其中，
在桌上以手掌滾動
即可去皮，
支援使用洗碗機
與乾燥機，
市價約190元。

尋在台灣買得到の
日本磨泥小物

新潟燕三條
蒜頭切片器

專門用來將整顆蒜頭
完美切片，
採用橫式
一體成型的外型，
操作起來更為
穩固好清潔，
市價約280元。

LOVE JAPAN！

尋在台灣買得到の
日本磨泥小物

SHIMOMURA
食材固定器

用來固定如洋蔥、馬鈴薯
等圓形的食材，
在使用刨絲刀片
器具時的輔助，
不會因手滑
而去傷到手部，
加上包裝右下角標示
了抗菌加工，
非常的實用，
市價約350元。

野菜をピンで固定!! 指をガード!

SHIMOMURA
野菜ホルダー(回転式)

抗菌

食洗乾燥

LOVE JAPAN！

尋在台灣買得到の
日本磨泥小物

CHUBO
KOMONO磨泥器

MADE IN JAPAN
日本製的品質，
因不銹鋼材質
方便使用好清洗，
任何需要磨泥
的食材皆適用，
我個人也很愛
不銹鋼器具，
市價約320元。

LOVE JAPAN !

尋在台灣買得到の
日本磨泥小物

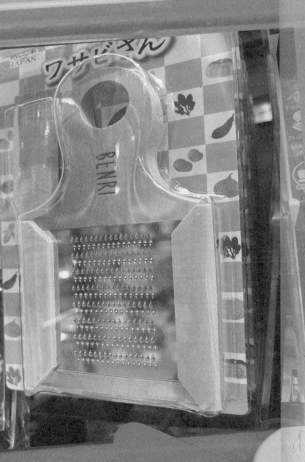

LOVE JAPAN !

BENRI 磨泥器

不銹鋼精緻的磨泥片，
周圍包上木材，
看起來多了
一份文青的視覺感，
還附上了清潔小刷，
市價約480元。

尋在台灣買得到の
日本磨泥小物

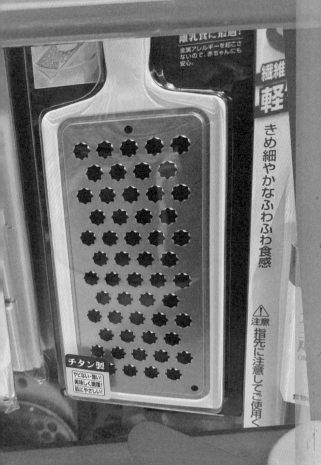

鈦金屬磨泥器

進階版的專業磨泥器，
包裝右上角標註
可以避免如海水…
酸性食材的腐蝕，
可以製作離乳食品，
鈦金屬的材質不易生鏽，
市價約580元。

尋在台灣買得到の
日本磨泥小物

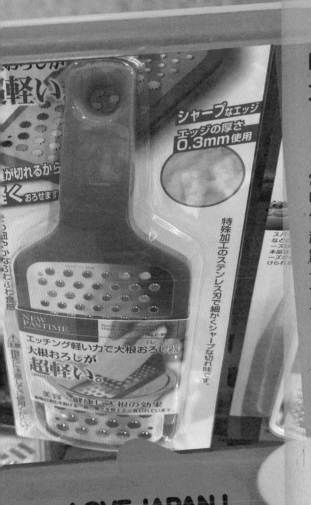

NEW PASTIME
大根磨泥器

常在日式餐廳
吃到的濃厚大根蘿蔔泥，
包裝上標示
超輕量的材質，
讓力量較小的主婦
也可輕鬆入門，
可以磨出超細的纖維，
市價約290元。

尋在台灣買得到の
日本磨泥小物

SHIMOMURA
三合一磨泥器

MADE IN JAPAN，
標榜可將食材磨出三種
不同粗細的功能，
包裝上以大根、紅蘿蔔、
生薑為範例，
附上一般磨泥器
沒有的水切り，
就是排水的功能，
市價約320元。

LOVE JAPAN！

尋在台灣買得到の日本磨泥小物

TORUNE 磨泥器

可愛的建築物造型，
包裝最下面標示
除了上蓋外分為三層，
在第一層將食材
磨成泥後，
透過第二層排水器，
可以將食材排水後，
裝在最後一層蓋上
蓋子收納，
市價約350元。

LOVE JAPAN！

尋在台灣買得到の
日本壓汁打蛋小物

SHIMOMURA
打蛋器

包裝上註明
YAKI PARTY，
圖片上以廣島燒、大阪燒
為範例，
底部與一般圓形
的打蛋器不同，
採用橫並的設計，
握把也以
三角形柱狀呈現，
讓施力點更集中
也更好清洗，
市價約350元。

尋在台灣買得到の日本壓汁打蛋小物

VEGE CRAFT EGG TIME

MADE IN JAPAN，
煮水煮蛋時連同此EGG
TIME一同擺入鍋中，
包裝上註明藉由
此EGG TIME表面顏色，
蛋黃分為HARD、
MEDIUM、SOFT
三種不同的風味，
可以因應不同
料理的需求，
來決定要搭配哪種蛋黃
熟度的水煮蛋，
市價約590元。

尋在台灣買得到の
日本壓汁打蛋小物

不鏽鋼
卵黃味分隔器

讓生雞蛋蛋白與蛋黃
瞬間分隔的料理小物，
採用不銹鋼材質設計，
不易發霉生鏽好清理，
用來嘗試
煎一個漂亮的荷包蛋，
或者分別用蛋白或蛋黃
做不同料理時使用，
市價約170元。

尋在台灣買得到の
日本壓汁打蛋小物

CHUBO
KOMONO
雞蛋切割器

MADE IN JAPAN，
不鏽鋼材質
完美的雞蛋切割器，
包裝圖片的範例，
可以將整顆水煮蛋
切成七等份，
用手輕輕一壓即可完成，
市價約550元。

尋在台灣買得到の日本壓汁打蛋小物

BROAD BEANS
檸檬榨汁器

包裝上註明了
LEMON SQUEEZER，
特殊的弧度與材質，
讓料理需要檸檬調味時，
更容易與快速地取得，
以前我試過
用圓形的榨汁器，
不得不說這款
榨汁器頂部，
獨特像叉子一樣的設計，
榨汁時不用太用力
旋轉也很好用，
市價約190元。

尋在台灣買得到の
日本壓汁打蛋小物

剣山檸檬榨汁器

MADE IN JAPAN，
包裝上註明
特殊的剣山狀發想，
讓固定檸檬的
果肉更加扎實，
如果用不習慣
前面推薦叉子型的，
可以試試這款
剣山狀的檸檬榨汁器，
市價約240元。

SQUEEZE A MON

山状で
くに
ぼれる!

今までにない発想!

モンしぼり革命

主婦のアイデア

日本製

特許取得済 第5005794号

尋在台灣買得到の
日本壓汁打蛋小物

VEGE CRAFT
生榨器

包裝上圖片範例
柳丁與檸檬都可用，
個人心得是主要用來
方便調製飲品時使用，
在榨汁的過程
透過此生榨器，
非常衛生的將果汁取出
倒入容器中，
讓料理過程
多了一份專業，
體積小方便攜帶，
市價約95元。

尋在台灣買得到の
●日本去核去皮小物

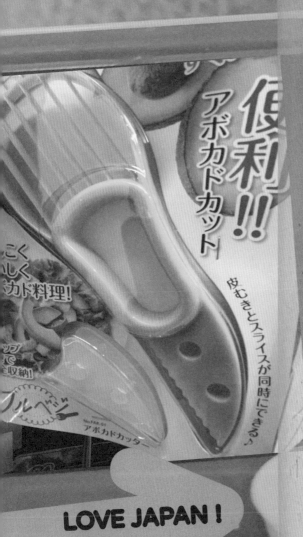

新瀉燕三條
酪梨核取出器

如果你非常喜歡吃酪梨，
但想到要去核就很煩，
日本專門開發的
酪梨去核取出器，
包裝圖片上範例還
能將酪梨切成七等分，
左下角還標榜
安全收納的功能，
市價約230元。

尋在台灣買得到の
日本去核去皮小物

**新潟燕三條
花生殼割器**

很愛吃花生，
但不喜歡
剝花生時屑屑亂飛，
還記得小時候，
會集中好幾顆
剝完花生屑屑與殼，
擺在手掌中用力一吹，
接著就是被長輩…
此款殼割器為了避免
花生殼散落而誕生，
市價約250元。

LOVE JAPAN！

尋在台灣買得到の

●日本去核去皮小物

SHIMOMURA
蘋果去核器

有看過蘋果的核芯
像奇異筆一樣被取出嗎？
這款去核器有特殊
的柱狀刀刃設計，
可以將果肉完整保留，
完美去除核芯。
市價約390元。

尋在台灣買得到の
日本去核去皮小物

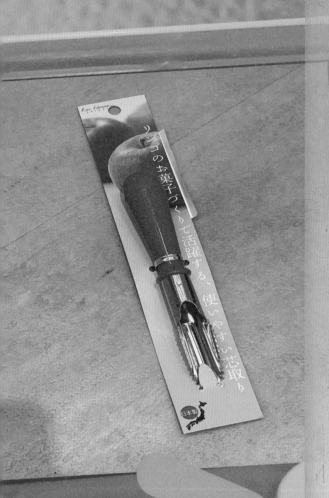

蘋果去核器

MADE IN JAPAN，
剛開始嘗試
蘋果去核的入門款，
一開始不想花太多
預算的話，
非常值得入手一試，
可以了解自己去蘋果
核心的頻率與需求，
再決定要不要
再添購進階版，
將不鏽鋼尖端
插入蘋果芯，
往內壓旋轉後
芯就可以取出，
市價約150元。

LOVE JAPAN !

尋在台灣買得到の
日本去核去皮小物

LOVE JAPAN！

Broad beans
去蒂器

很像豌豆般的握把造型，
一開始我也很好奇
有什作用？
奇怪的是
意外的讓手部很好施力，
可以用來去除
很多蔬果的根蒂，
不會像以前一樣
為了去蒂，
而切掉一部分蔬果，
市價約220元。

尋在台灣買得到の
日本去核去皮小物

**新瀉燕三條
果肉刀**

跟我一樣喜歡吃橘子
、柳丁…等柑橘類
的水果嗎？
是不是很羨慕餐廳
都可以把果肉
完美取出擺盤？
沒錯！
就是用這把果肉取出刀
就沒問題了！
市價約390元。

尋在台灣買得到の
日本去核去皮小物

LOVE JAPAN !

新瀉燕三條
小番茄切割器

切番茄不用再
大費周章的用水果刀具，
包裝上註明
可以很簡單的，
安全地將小番茄
分成四等份，
不用擔心再切到手，
市價約290元。

尋在台灣買得到の
日本去核去皮小物

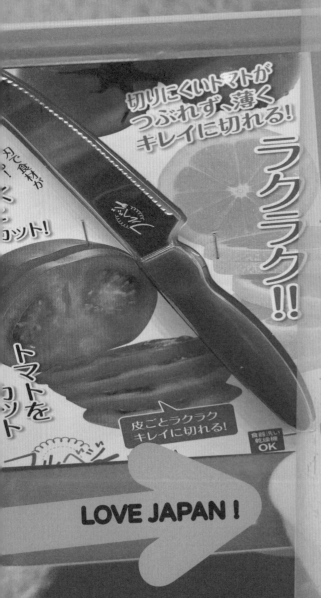

SHIMOMURA
水果刀

MADE IN JAPAN，
包裝上標榜
可以將水果切成薄片，
與一般光滑面的水果刀
真的不一樣！
由於特殊的刀刃
增加了與蔬果果肉間
的固定力與摩擦力，
例如切比較軟
質地的蔬果，
也不會跟以前一樣
把水分與形體破壞，
非常的實用，
市價約390元。

尋在台灣買得到の
日本去核去皮小物

奇異果切塊組

MADE IN JAPAN，
首先將中間黃色
的安全刀片，
把果肉切為兩半，
再將銀色的弧形
構造崁入奇異果，
適度旋轉後，
可以讓你輕鬆地
將奇異果，
果肉與毛茸茸
的外皮分離，
市價約350元。

LOVE JAPAN！

尋在台灣買得到の
日本去核去皮小物

便利!!
いちごカット

お菓子作りの
トッピングに最適♪

用途で
選べる
3種のカッ…

フルベ

LOVE JAPAN !

新潟燕三條
切割草莓器

包裝上註明三種
幾何的設計，
可以隨著心情，
切出
最理想的草莓形體，
操作容易不沾手，
市價約320元。

尋在台灣買得到の
日本去核去皮小物

LOVE JAPAN！

**新瀉燕三條
香蕉輪切器**

可以將香蕉迅速地切割，
在美式餐廳沙拉裡
常看到的圓形香蕉片，
包裝右下角
註明附贈直立收納架，
圖片上範例為，
一個圓柱狀的香蕉
可切成五份香蕉片，
市價約400元。

尋在台灣買得到の
日本去核去皮小物

VICTORY
切蘋果器

MADE IN JAPAN，
可以將整顆蘋果去籽，
再切成八等份，
方便好清洗，
市價約330元。

LOVE JAPAN！

尋在台灣買得到の
日本米飯製作小物

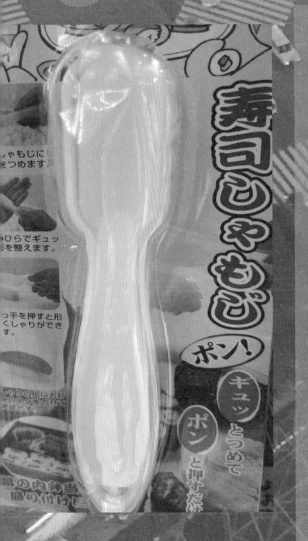

SHIAWASE
ZUSHI
壽司器

剛開始自己學做
日本握壽司的入門器具，
包裝圖片上範例說明，
將此製作器
直接從飯鍋裡盛飯，
再用手掌壓一下邊緣，
讓握壽司成形後，
擺盤擺上鮮魚即完成，
市價約155元。

尋在台灣買得到の
日本米飯製作小物

CUBE
飯糰器

包裝左下角
圖示方形飯糰，
用此製作器讓米飯與餡料
不會變形，
在家就可以做到，
如日式餐廳的完美飯糰，
市價約280元。

尋在台灣買得到の
日本米飯製作小物

TORUNE壓模

常常看日劇裡，
很多主婦都會幫小孩
做動物造型的食材便當，
有了這款可愛動物
造型壓模，
可以將米飯
配料甜點…等，
變成可愛造型的飯糰
或糕點，
市價約180元。

尋在台灣買得到の
日本米飯製作小物

NICO電車飯糰組

包裝右邊註明
可愛電車造型的飯糰，
讓你輕易地做出，
車廂為握把式的模組，
方便直接讓米飯成形，
包括車頭、車窗…
也都有模組，
可以用海苔或各類
食材來點綴，
市價約390元。

尋在台灣買得到の
日本米飯製作小物

NICO迷你飯糰組

迷你尺寸讓你製作
出來的三角飯糰好入口，
一次就可製作四顆，
還可以自行
透過不同食材創作，
在家也能做出
精緻可愛的飯糰，
市價約390元。

尋在台灣買得到の 日本米飯製作小物

NICO狐狸造型 飯糰模組

專業版的動物造型
飯糰模組，
包括臉部的表情、
腳掌、尾巴，
都可透過此套模組
一口氣完成，
為自己做一個
可愛的飯糰，
或給小孩一個驚喜
都非常適合，
市價約390元。

尋在台灣買得到の
日本米飯製作小物

NICO熊貓
造型飯糰模組

專業版的熊貓造型
飯糰模組，
附上臉部三種
表情的模具，
大人小孩都喜歡，
超萌的料理製作具，
市價約430元。

尋在台灣買得到の日本米飯製作小物

TORUNE粉篩器

有試過在便當中
加上表情符號
或一段文字嗎？
一組四個的文字模組，
讓你用粉狀的
調味料或食材，
將料理加上一行文字
表達今天的心情，
市價約160元。

尋在台灣買得到の
日本米飯製作小物

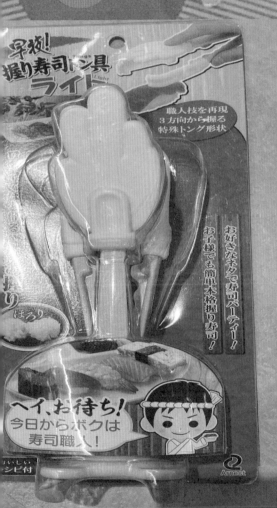

握壽司職人技

包裝右邊註明特別設計
三方向特殊形狀，
可完美比例固定米飯外，
也可協助握壽司的擺盤，
只要將生魚片
與米飯備料完成，
從今天開始
就是壽司職人，
市價約520元。

尋在台灣買得到の
日本米飯製作小物

SHIAWASE
ZUSHI
壽司捲製作器

輕鬆的製作出
細捲或粗捲的壽司,
只要備好餡料與米飯,
輕鬆好操作。
可以瞬間大量製作,
好收納清洗容易,
細捲市價約135元,
粗捲市價約180元。

尋在台灣買得到の
日本米飯製作小物

TORUNE
造型壓模

主要用來增添
便當配料的裝飾，
將比較軟質地的食材
透過此組壓模，
有三種尺寸
星型、心型、幾何圖形…
還附上一組
好清洗的收納盒，
市價約320元。

尋在台灣買得到の
日本米飯製作小物

AKEBONO
飯糰器

喜歡包裝圖片上
迷你可愛的三角飯糰嗎？
這是可以快速
製作三角飯糰的製作器，
一次可做兩個三角飯糰
米飯固定後
扎實不易變形，
市價約240元。

尋在台灣買得到の
日本米飯製作小物

咖哩飯製作器

我第一眼看到包裝上
的圖片就很想買！
包括小熊、扇貝、螃蟹…
等形體的白飯模具，
也附上了可用紅蘿蔔、
海苔、火腿等配料，
點綴的配料模具，
輕鬆的在家做一份
可愛的咖哩飯套餐，
市價約520元。

尋在台灣買得到の
日本米飯製作小物

Silicone whale
白飯製作器

我自己也超愛的模具組，
因為自己很愛吃白飯，
此款矽膠材質的飯模，
包括海豹與鯨魚，
讓任何白飯料理，
變得可愛又可口，
市價約280元。

尋在台灣買得到の
日本米飯製作小物

へんしんおにぎりラップ
フルーツ＆アニマル

TORUNE
飯糰包裝紙

設計為可愛動物
的飯糰包裝紙，
適合全家出遊野餐時，
用來包裝自製的飯糰，
除了增加食物的美感，
也增添了用餐的樂趣，
市價約160元。

尋在台灣買得到の
日本米飯製作小物

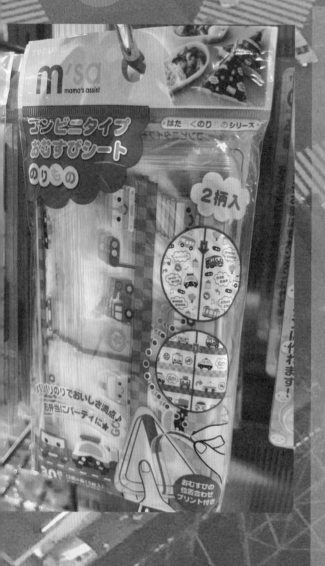

TORUNE
三角飯糰包裝紙

這款是特別用來
包裝三角飯糰的
汽車包裝紙,
用心自製的三角飯糰,
想要包起來如同在超市
看到的樣子嗎?
這款包裝紙可以
提升自製壽司的質感,
讓享用的家人或朋友
感受壽司職人的魅力吧!
市價約220元。

尋在台灣買得到の
日本米飯製作小物

TORUNE飯糰器

尺寸設計為製作
迷你飯糰的尺寸，
我個人覺得堆疊
起來很像小雪人，哈！
外型還標示為
BOY&GIRL，
製作快速衛生好清潔，
市價約250元。

尋在台灣買得到の
日本米飯製作小物

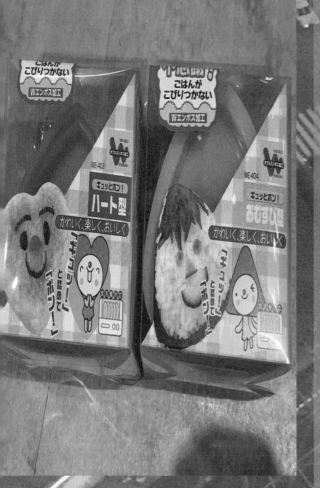

DOUBLE
EMBOSS飯糰器

只有輕鬆的將米飯，
置入製作器中，
將蓋子闔上再取出，
上面擺上精心準備
的配料即完成，
有三角形與愛心形，
市價約150元。

尋在台灣買得到の日本米飯製作小物

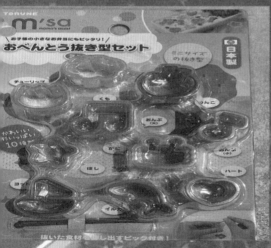

TORUNE
字母模具組

有可愛英文字母、
樂符、海豚…
可愛的食材模具，
可以用來塑形
質地較軟的食材，
包括火腿、起司、乳酪、
巧克力、蔬菜、馬鈴薯、
番茄…
點綴自製的餐點元素，
可以試著用
英文單字擺盤，
市價約270元。

尋在台灣買得到の
日本米飯製作小物

TORUNE
動物表情模具組

MADE IN JAPAN，
有大中小三種
不同的動物壓模尺寸，
可以用米飯、
糕點、蔬菜…
做出動物外型的料理，
市價約190元。

尋在台灣買得到の
日本點心製作小物

LOVE JAPAN！

AKEBONO
愛心吐司模

羨慕日劇裡面
愛心型的吐司嗎？
此組壓模可以輕鬆製作
愛心型的三明治，
可以先將兩片吐司中，
夾好喜歡的內餡，
再用此模組一壓，
一個愛心型可口的
夾心吐司就完成了，
市價約290元。

尋在台灣買得到の
日本點心製作小物

AKEBONO
方形三明治模

這是款製作
方型三明治的模組，
將兩片吐司中間
的備料準備好，
輕輕一壓即可
製作方型三明治，
模組外殼還特別用
熊貓的圖騰設計，
增添想用此料理
器具的慾望，
市價約240元。

尋在台灣買得到の
日本點心製作小物

微笑小熊吐司模

PP材質好清洗，
包裝上註明耐冷熱
-20度～120度，
屬於點心尺寸的模具，
建議使用三明治
專用吐司製作比較容易，
市價約90元。

尋在台灣買得到の
日本點心製作小物

AKEBONO
吐司切片組

MADE IN JAPAN，
可以將一整塊
吐司完美切片，
包裝右上角
註明可調整厚度，
總共支援五種厚度調節，
1CM、1.5CM、
2CM、2.5CM、3CM，
底部最下端
會集中麵包屑，
好收納好清洗，
市價約390元。

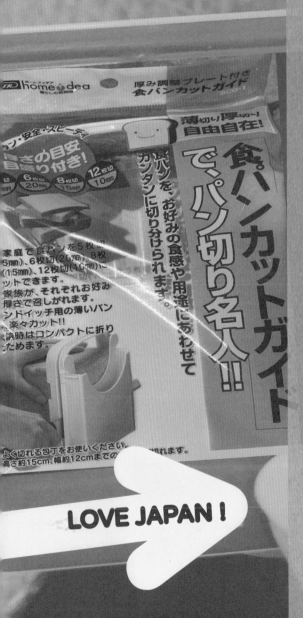

HOME IDEA
吐司切片組

專業的土司麵包
切片模具，
包裝上左上角註明
有四種厚度可以調整，
10MM、15MM、
20MM、25MM，
輕鬆操作好清洗，
除了吐司以外
包括起司、乳酪…
都可以做使用，
市價約480元。

LOVE JAPAN !

尋在台灣買得到の
日本點心製作小物

TIGER CROWN
可愛餅乾模

有吃過會笑的餅乾嗎？
我在東京的
咖啡店吃過幾次，
這款餅乾模同品牌
出了很多種表請，
讓在家的下午茶時光
也很有微笑感，
市價約240元。

LOVE JAPAN！

尋在台灣買得到の日本點心製作小物

スリム設計
小さめ
トースターでも
2枚焼ける

水に濡らして
入れるだけ

STEAM
TOAST
MAKER
スチームトーストメーカー

サクッと
ふわふわ
耳まで美味しい
至福食感。

Made in Japan

LOVE JAPAN !

STEAM TOAST MAKER

MADE IN JAPAN，
在烤麵包時加上這個
TOAST MAKER，
讓吐司在烤箱中利用
孔洞的原理，
烤出來的吐司，
會有像厲害的
麵包店一樣，
內部柔嫩外皮
酥脆的嚼勁，
市價約450元。

尋在台灣買得到の
日本點心製作小物

蛋糕模具俱樂部

分為10CM與15CM
兩個尺寸模具，
蛋糕脫模非常容易順手，
好清洗好收納，
可以做出小型
如包裝圖示的大小
堆疊型蛋糕，
市價約550元。

尋在台灣買得到の
日本點心製作小物

LOVE JAPAN！

TIGER CROWN
可愛餅乾模

有吃過會笑的餅乾嗎？
我在東京的
咖啡店吃過幾次，
這款餅乾模同品牌
出了很多種表請，
讓在家的下午茶時光
也很有微笑感，
市價約240元。

尋在台灣買得到の
日本點心製作小物

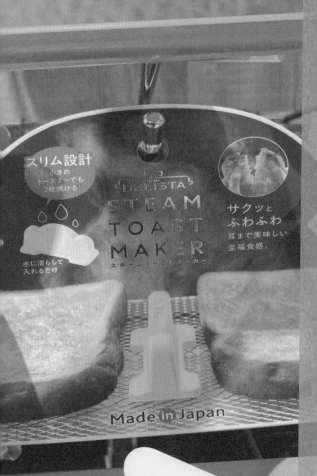

**STEAM
TOAST MAKER**

MADE IN JAPAN，
在烤麵包時加上這個
TOAST MAKER，
讓吐司在烤箱中利用
孔洞的原理，
烤出來的吐司，
會有像厲害的
麵包店一樣，
內部柔嫩外皮
酥脆的嚼勁，
市價約450元。

尋在台灣買得到の
日本點心製作小物

蛋糕模具俱樂部

分為10CM與15CM
兩個尺寸模具，
蛋糕脫模非常容易順手，
好清洗好收納，
可以做出小型
如包裝圖示的大小
堆疊型蛋糕，
市價約550元。

尋在台灣買得到の
日本冰品製作小物

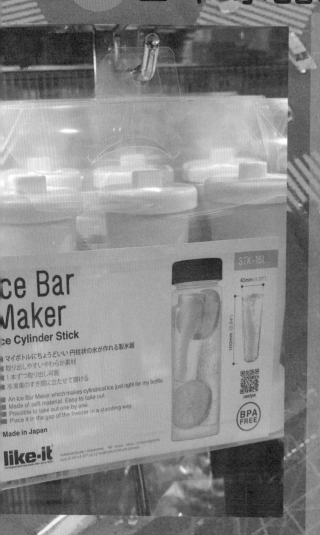

like°it 製冰器

有時候在餐廳喝杯飲料，
如果看到杯裡
有特殊造型的冰塊，
頓時會讓你覺得
對飲料加分不少，
包裝上註明
這款是可製作柱狀
冰塊的製冰器，
還非常節省冷凍庫空間，
市價約390元。

尋在台灣買得到の
日本冰品製作小物

EBiSU HOW TO
製冰器

有時候買冰箱
附贈的製冰器
都不太好用，
這款三段式設計
方形小冰塊，
包裝右下角標示
附贈密閉上蓋，
衛生不會讓異味侵入，
製冰時水份不會外溢，
市價約170元。

尋在台灣買得到の
日本冰品製作小物

No.D-963
冰棒製作器

夏天小朋友喜歡吃冰棒，
家長往往擔心
冰品的衛生，
在家自製冰棒
就沒有這個問題，
這款有可愛北極熊
外型的冰棒製冰器，
一組有四入，
握把上有各種不同
顏色的北極熊，
市價約120元。

尋在台灣買得到の
日本冰品製作小物

Silicone Mold
製冰器

包裝上圖片說明
可以將冰塊
製作成一台飛機，
也可以製作成一艘船，
除了增添料理
飲品的樂趣，
也可在親子時間
教小朋友用水製冰，
增添小朋友餐與的興趣，
市價約290元。

尋在台灣買得到の
日本冰品製作小物

ウチのかき氷

氷

おウチで簡単

レモン

KAKIGORI

MADE IN JAPAN
日本製

おウチで簡単 かき氷器（レモン）

Ice shave No.D-13

KAKICORI製冰器

MADE IN JAPAN，
看到熟悉的日本
冰品標示，
把製冰器
從冷凍庫取出後，
任何小型的冰塊
投入機器中，
輕輕轉動手把
就可以製作剉冰，
市價約490元。

尋在台灣買得到の
日本冰品製作小物

シリコン製できれいな形の氷ができる！

立体的にできちゃう！

ハート型の
かわいい氷をつくっちゃお！

こっちゃお！

No.D-1041
冷化倶樂部
シリコンアイスモールド（ハート）

TSUMETA CLUB
製冰倶樂部

製作愛心型的冰塊，
超級浪漫的！
矽膠材質柔軟好清洗，
想感受一顆顆愛心
的冰塊在杯中嗎？
鑽石款我也很推，
適合向心儀的對象表白，
或者求婚鋪陳的小巧思，
市價約200元。

つくっちゃお！

尋在台灣買得到の
日本冰品製作小物

CakeLand
JELLY MOLDS

MADE IN JAPAN，
能把湯匙挖很深的模具，
一般的雞蛋布丁、
果凍布丁都試用，
材質一體成型好清洗，
市價約160元。

尋在台灣買得到の
日本冰品製作小物

TSUMETA CLUB
果凍器

用透明容器
將擠出器置於內部，
加上柱形的外型
可以非常快，
將果凍很衛生的擠出，
製作過程有很
療癒的感覺，
市價約250元。

尋在台灣買得到の
日本餃子製作小物

ジョーザ名人

餃子名人包餃板

初階版的包餃子用具，
個人覺得比較
適合包日式煎餃，
由於沒有附上
其他的輔助器具，
建議餃子皮與餡料
都要先準備好
剛好的比例，
包起來才會比較流暢，
市價約195元。

尋在台灣買得到の
日本餃子製作小物

**新瀉燕三條
包餃子器**

包裝上標示YAKI PARTY
進階版的餃子器，
將餃子皮鋪平
在黃色圓形的餃子器上，
將自製的餡料置中，
可用橘色的勺子
將餡料集中，
最後將餃子器
左右合併，
一顆漂亮的
餃子就誕生了，
市價約580元。

尋在台灣買得到の
日本料理周邊小物

滿水防止器

MADE IN JAPAN，
常常煮麵會有
水滿出鍋具的困擾嗎？
我就是常常會這樣…
有了這款便利小物，
煮麵時水就不會
滿出來囉，
但是水還是要在正常大約
六七分滿的狀況，
原理是煮麵時防止器
會在鍋底震動，
有點像湯匙攪拌一樣，
市價約195元。

尋在台灣買得到の
日本料理周邊小物

大阪燒鐵鏟

想在家就可以
吃到大阪燒嗎？
還是心血來潮買了
一台大阪燒家用機呢？
想吃大阪燒
一定要有專業的餐具，
這組大阪燒專用鐵鏟
我大推！
市價約120元。

尋在台灣買得到の
日本料理周邊小物

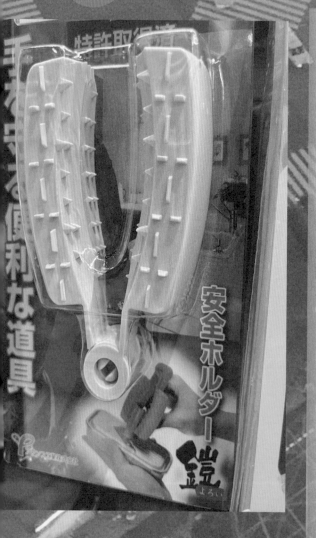

蔬果手指保護器

料理食材時的末端，
例如紅蘿蔔、洋蔥、
小黃瓜…等，
常常因為用手
不好握或施力，
有了這款手指保護器
可以輕易的
固定食材末端，
磨泥、切絲都很方便，
市價約190元。

家用料理刷

慢慢學習在家
做料理的過程，
發現有個專業的
料理刷很重要，
因為可以控制
醬料的均勻度，
左邊是
MADE IN JAPAN
羊毛刷，
由松田榮株式會社出品，
標榜100%山羊毛製成，
市價約80元。
右邊是PEARL醬料刷，
如果不喜歡動物毛
製成的料理刷，
那就試試矽膠製的，
市價約130元。

尋在台灣買得到の
日本料理周邊小物

矽膠耐熱料理刷

白色款包裝標示
耐熱度達200度，
支援洗碗機與烘碗機，
可以拿來用塗抹
烤肉的醬料、蛋液、
甜點的花生醬…等，
市價約220元。
粉色款品牌是KAI，
毛刷的尺寸
刻意做的比較秀氣，
適合拿來料理
比較需要局部塗料，
或面積比較小的食材，
市價約290元。

尋在台灣買得到の
日本料理周邊小物

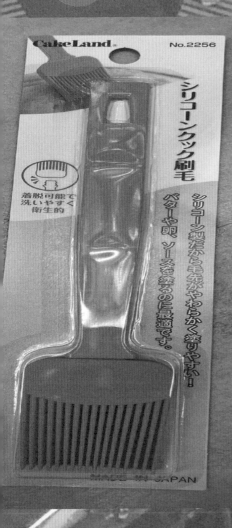

CakeLand® No.2256

シリコーンクック刷毛

着脱可能で
洗いやすく
衛生的

シリコーン製だから毛先がやわらかく塗りやすい！

バターや卵、ソースを塗るのに最適です。

MADE IN JAPAN

CakeLand料理刷

CakeLand出品的，
MADE IN JAPAN，
刷頭與握把
做可拆解的設計，
可以徹底洗淨
刷頭的每個角落，
市價約240元。

尋在台灣買得到の日本料理周邊小物

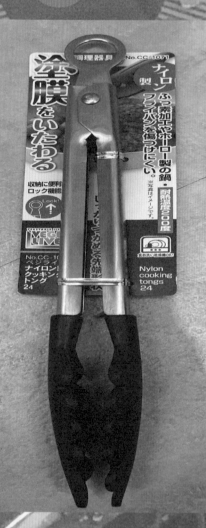

VEGETABLE
LIVE料理夾
24CM

支援洗碗機與烘碗機，
包裝標示耐熱度200度，
如果你用的是
塗層的不沾鍋，
用這款比較不會傷鍋具，
市價約350元。

尋在台灣買得到の
日本料理周邊小物

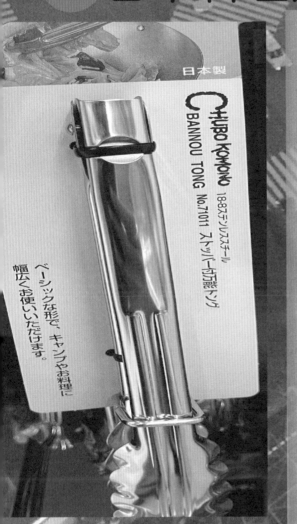

CHUBO
KOMONO料理夾

MADE IN JAPAN，
包裝右邊註明
採用18-8不鏽鋼材質，
不易生鏽好收納，
日本製的品質
使用起來
就是有一種～
說不出的儀式感，
市價約300元。

尋在台灣買得到の
日本料理周邊小物

便利小物料理夾

支援洗碗機與乾燥機，
最前端特意
做一個凸起的小巧思，
讓架子擺在桌上時，
料理夾不會
直接碰到桌子，
市價約220元。

尋在台灣買得到の
日本料理周邊小物

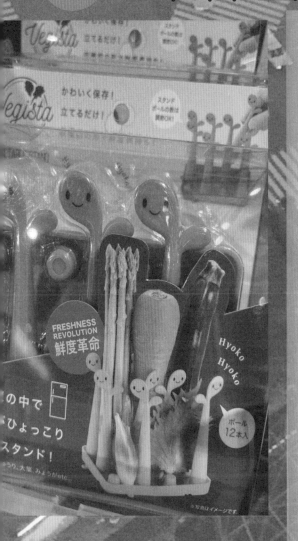

Vegista置物立架

包裝註明鮮度革命，
圖片上範例
可以用來擺紅蘿蔔、
蘆筍…等，
蔬菜類的配料，
除了可以增加
餐桌上的美味視覺感，
也可以讓適合直立式的
根莖類蔬菜
有個漂亮的家，
包裝最上面說明
支撐架為可調節空間，
市價約380元。

尋在台灣買得到の
日本料理周邊小物

KAI熱狗模具組

專門用來製作
早餐的好朋友～
小熱狗，
可以輕鬆讓小熱狗，
變成多種不同
造型的餐點配料，
好收納輕鬆清洗，
市價約190元。

尋在台灣買得到の
日本料理周邊小物

Feeling醬汁罐

有分八入與十二入，
適合為家人準備
便當時，
攜帶醬汁使用，
很多日式餐廳外帶餐盒，
就是用類似的醬汁罐，
市價約75元。

尋在台灣買得到の
日本料理周邊小物

TANITA電子秤

包裝標示出2KG
最輕可測得1g，
產品上有
日本JIS日本工業
國家標準認證字樣，
有非常大的電子螢幕，
粉色系的設計
非常療癒，
市價約980元。

尋在台灣買得到の
日本料理周邊小物

9種類計量量匙

包裝上標示
9個種類的計量，
用來量粉狀或
液體狀的食材，
或調味料都可以，
多用途的
料理用便利量匙，
使用完要清洗
也非常容易
市價約320元。

尋在台灣買得到の
日本料理周邊小物

SIZUKU RENGE
湯匙

主要以安全塑料製成，
清量透明乾淨
耐熱度佳，
外觀非常有質感，
有大尺寸兩隻組
與小尺寸組，
市價約290元。

尋在台灣買得到の日本料理周邊小物

number量匙

分為1.5g、2g、2.5g，
將液體注入
等待數字浮現，
即為標示的克數，
包裝上標示
另一端圓圈的設計，
可以用來測量麵條，
多功能的量具，
市價約490。

尋在台灣買得到の
日本料理周邊小物

日本製大烤盤

MADE IN JAPAN，
支援烤箱有凹紋的設計，
食材與烤盤透過凹槽，
比較也不易黏著，
也助於讓多餘的
油汁流出，
最小款市價約250元，
小型款市價約300元，
大型款市價約460元。

尋在台灣買得到の
日本料理周邊小物

電子食材溫度計

職人電子版料理溫度計，
包裝標示測定溫度為
-50度～240度，
有防滴性能，
主要設計用來
測量食材裡的溫度，
對於需要控制
食物烹調溫度的
細部調整很有幫助，
粉色部位
有掛孔的設計，
輕易收納不佔空間，
市價約780元。

尋在台灣買得到の
日本料理周邊小物

食材測量夾

MADE IN JAPAN，
想要煮完美的
日式的味增湯或湯品，
包裝上圖片標示
為測量柴魚片，
而此款食材
測量夾在設計時，
就是以盛滿容器
大約10g，
以兩人份湯品
大約500ml為主，
是煮出黃金比例
湯品的好幫手，
市價約240元。

尋在台灣買得到の日本料理周邊小物

指先隔熱套

包裝上圖片為
取出微波爐或
加熱調理的器具，
覺得用濕抹布或
料理手套不太順手嗎？
這款手指型隔熱套，
除了可隔熱取出餐具，
包裝右下角
還有剝蒜皮的範例，
清洗輕鬆好收納，
市價約110元。

尋在台灣買得到の
日本料理周邊小物

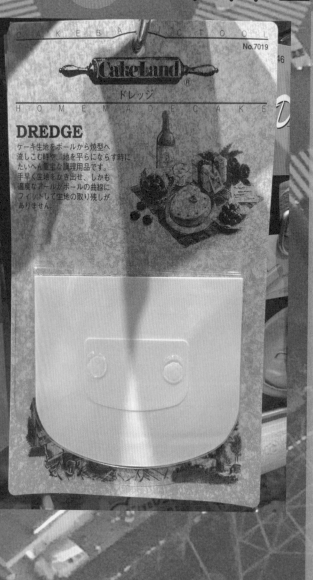

DREDGE
橡膠刮刀

我自己很愛用
的橡膠刮刀款，
製作甜點時
需要用到的奶油、起司、
醬料時都適用，
非常有質感也好清洗，
市價約65元。

尋在台灣買得到の
日本料理周邊小物

Land

LINE SHIFTER
ラインシフター(粉ふるい器)

CakeLand麵粉篩

MADE IN JAPAN，
手壓式的麵粉篩，
由日本CakeLand出品，
在製作料理前，
自製的麵粉
可能混合了
其他各類食材，
必須用麵粉篩過濾顆粒，
市價約490元。

尋在台灣買得到の
日本料理周邊小物

SUNNY保冷劑

MADE IN JAPAN，
日本製的保冷劑，
出門野餐時
可用來食品保冷，
也可用來人體冷敷，
質感好包裝精美，
市價約90元。

尋在台灣買得到の
日本料理周邊小物

MULTI-FUNCTIONAL
鐵製炸物鍋
20CM

MADE IN JAPAN，
包裝上標示
附贈溫度計，
可以掌控料理
炸物時的溫度，
鍋緣設計保有斜面，
讓料理結束
倒油非常便利，
也附贈瀝油架
幫助食材將油排出，
市價約1200元。

尋在台灣買得到の
日本進口生活小物

日本的生活雜貨與小物，
每每都會讓你覺得驚奇，
東京的淺草橋與日本橋、
淺草地區，
有很多富有
傳統文化的紀念品、
家飾、陶瓷...等。
日本其他地區如
青森縣的櫸木，
岡山縣淺口市
則有製帽職人品牌，
岡山縣備前市
的文化遺產備前燒，
青森縣的樺木製品，
北九州市的小倉織品...

在台灣的購買通路推薦：
紀伊國屋書店、
BEAMS JAPAN、
PCHOME購物中心、
台隆手創館、
MOMO購物網
TOKYU HANDS旗艦館
與各商品代理商的經銷店
與電商平台

尋在台灣買得到の
日本進口生活小物

KITTY 不倒翁

去日本旅遊時常常
會在各種店家，
看到各類不同
的不倒翁，
不倒翁含有推不倒、
有毅力…各種含意，
多了KITTY的加持
更是令人想入手，
可以自行選擇
喜愛的顏色，
或者幸運色代表祈福、
招財、好運…等，
市價約860元。

尋在台灣買得到の
日本進口生活小物

WHITEZOO
馬克杯

類似杯緣概念的馬克杯，
北極熊款與海豹款，
杯身有線條的設計
增添了立體感，
純白的馬克杯
更能凸顯動物的萌感，
市價約500元。

尋在台灣買得到の
日本進口生活小物

KARATTO MASCOT
微波吸濕陶偶

透過微波加熱
可以重複使用，
浴室、客廳、臥室
都可以擺一隻，
每隻動物裡面
都有吸濕豆，
透過陶偶的特殊
材質吸附濕氣，
市價約700元。

尋在台灣買得到の
日本進口生活小物

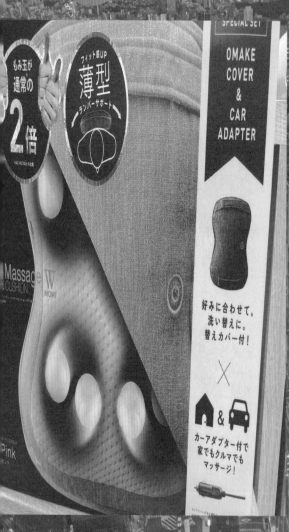

Lourdes
日式按摩抱枕

據說在日本
創下每四個家庭，
就有一個使用此品牌
的按摩抱枕的銷售紀錄，
深受女性上班族青睞，
八顆按摩球的設計，
附贈一款布套與車充，
市價約3,580元。

尋在台灣買得到の
日本進口生活小物

Lourdes
溫熱震動
美腿按摩器

包裝上標示在日本
已累續銷售
突破1100萬台，
此款算是此品牌
較為平價的入門款，
將腰部或腿部的
按摩部位包覆後，
每分鐘
約達3400次的震動，
45度溫熱功能，
有橙色、黑色兩款
市價約1,980元。

尋在台灣買得到の
日本進口生活小物

Lourdes Minipro
按摩抱枕

以最輕巧的尺寸，
加上專業滾珠，
模擬真人指壓的臨場感，
支援三種模式
容易操作，
特別設計15分鐘
自動斷電功能，
市價約2,480元。

尋在台灣買得到の
日本進口生活小物

淺野XTC
超吸水毛巾

榮獲日本
經濟產業大臣賞、
文部科學
大臣科學技術獎、
製造日本大獎…等大獎，
專利的吸水織品，
標榜比一般毛巾
的吸水力更強大，
超吸水毛巾
市價約1,590元，
長毛斤市價約980元。

尋在台灣買得到の
日本進口生活小物

歡樂拍板搶答版

常常在日本綜藝節目
看到的遊戲拍板，
適合朋友聚會、
親子節日、公司尾牙…
需要裝電池安全好玩，
舉牌版還有音效功能，
歡樂拍板市價約400元，
圈叉PINPON BUU板
市價約470元。

尋在台灣買得到の
日本進口生活小物

日本動漫疊疊樂

EYEUP
哆啦A夢鬆餅疊疊樂，
精緻的哆啦A夢鬆餅
實現了動漫人物
商品化的夢想，
而仙貝疊疊樂
則是用爆笑的仙貝設計，
包裝上圖片標示
約有五種的仙貝外型，
EYEUP哆啦A夢鬆餅疊
疊樂市價約1500元，
仙貝疊疊樂
市價約1,180元。

尋在台灣買得到の
日本進口生活小物

TORUNE造型叉

在家吃水果
或幫小朋友帶便當,
非常適合擺盤的
動物造型模具組,
有直立式的叉子
與三叉型的叉子,
市價約150～170元。

尋在台灣買得到の
日本進口生活小物

Vegista保鮮叉

有的青菜品種
買回來有保鮮的困擾嗎？
這可能是我
這個剛學習下廚
料理的新鮮人，
覺得厲害的黑科技！
哈哈！
包裝上下面標示，
將三角叉插入
葉物植物成長點，
例如一把青江菜，
就是接近根部
把青菜翻過來，
底部硬硬圓形的那一塊，
就可以維持青菜的保鮮，
市價約280元。

尋在台灣買得到の
日本進口生活小物

TORUNE食物叉

不同表情與姿勢
的熊貓食物叉，
超萌的料理用品，
尤其適合甜點的擺盤，
包裝上標示
有四個種類的姿勢，
還分兩種長度的尺寸，
熊貓迷不能錯過，
市價約140元。

尋在台灣買得到の
日本進口生活小物

TORUNE
眼睛食物叉

將小點心或便當
叉上可愛的食物叉，
真的會為料理
視覺美感加分不少，
各類的眼睛表情
非常吸睛，
很適合用來增加
小朋友的食慾，
市價約160元。

尋在台灣買得到の日本進口生活小物

襟立製帽所
株式會社

1960年於日本岡山縣
淺口市發展至今，
標榜製帽的職人精神，
從製帽的繪圖與裁切，
致力草帽產品
到布帽系列，
目前在倉敷美觀，
也就是岡山縣
倉敷市的街町存地區，
依然保有實體店鋪，
帽款平均市價約6,000元。

尋在台灣買得到の
日本進口生活小物

呼吸備前燒

日本岡山縣備前市
的伊部地區為主要產地，
不使用釉彩加工的陶器，
已是日本文化遺產之一。
會呼吸的備前燒
由一般社團法人
(communitas-position)
企劃，
主要成員為
岡山縣當地備前燒陶友會
中的藝術家與窯戶，
平均市價約
3,680~6,980元。

尋在台灣買得到の
日本進口生活小物

BUNACO

青森縣的櫸木
存量據說在日本
屬於領先地位，
一般都是做木炭使用，
而BUNACO
將其作為設計元素，
發展出許多
螺旋狀的木製品，
保有日本傳統木製品
的文化與傳承精神。

尋在台灣買得到の
日本進口生活小物

EDWIN 江戶勝
EDOKATSU

EDWIN為1947年創立
的日本牛仔褲品牌，
穿過的朋友或許
也能體會與一般
美系牛仔褲品牌的差別，
我自己感覺
EDWIN比較偏亞洲人
的身材與版型，
而其中江戶勝系列
EDOKATSU，
江戶是以前德川幕府
時代皇所居住地，
也是現在日本
東京的舊名，
EDOKATSU擅於將
江戶時代的浮世繪、
富士山…等元素或圖騰
容入牛仔褲設計元素。

尋在台灣買得到の
日本進口生活小物

A-SHIMA
...STRIPE-STRIPE

...uct of the Kokura feudal clan in the
...stile produced at the beginning of the
...lly striped cotton cloth that was prized
...ze the hakama(a long pleated skirt worn
...the obi(a broad sash for the kimono).
...ut has a soft texture. The use of many
...ende color gradations, giving the vertical
...sual effect.

...ed about eighty years ago but has been revived
...no Tsuiki. SHIMA-SHIMA by small batch
...on is an original brand designed by her.

小倉織

日本北九州市
小倉藩的特產，
小倉織另有一說，
來源自常常看日劇裡
的武士服飾的元素，
但由於手編過程與
技術較為困難，
在昭和初期
幾乎提止生產，
築城則子Noriko Tsuiki，
重現了小倉織的魅力。

尋在台灣買得到の
日本進口生活小物

有限會社
田中商店 文庫革

具歷史記載1800年初期，
為了重整姬路藩的財政，
將皮革產業
列為保護政策之一，
也進而使得文庫革，
成功的從地方特產
擴展到日本全國，
而現今
有限會社田中商店，
使用傳統的加工過程，
重現完美的文庫革產品，
市價約8,800元。

尋在台灣買得到の
●日本宅經濟大應援

以往去日本旅遊時，
我都會利用深夜
甚至半夜的時段，
去當地的24小時
社區型超市，
找日本各產地的
直輸海鮮、
飲料、特產米、零食、
泡麵、料理包、醬料…

長野縣的麝香葡萄，
山梨縣與島根產
的小無子葡萄，
佐賀縣的蜜柑，
山梨縣的比歐內葡萄，
鹿耳島壺造黑醋，
岩井的芝麻油，
信州經典味增，
沖繩的香檬粉與黑糖，
秋田縣名產漬物，

北海道北見市
產地薄荷油，
北海道十勝產紅豆，
長崎縣五島瀨產
磯鹽製作的鹽糖，
新潟縣產地的
越光米，
滋賀縣琵琶湖水鏡米，
宮城縣伊達正夢米，
北海道七星米，
秋田小町米…等。

在台灣的購買通路推薦：
咖樂迪咖啡農場、
微風超市Breeze、
city'super、
MOMO購物網、
PCHOME線上購物
與各商品代理商與進口商
的經銷店與電商平台

尋在台灣買得到の
日本產地直輸水果

長野麝香葡萄

日本長野縣產地
進口的麝香葡萄，
與一般葡萄品種相比，
長野的麝香葡萄偏甜，
葡萄不須剝皮
可一起食用，
葡萄皮吃起來
也有點甜味，
不喜葡萄太酸
的饕客可以嘗試，
市價單串禮盒約1,780元。

尋在台灣買得到の
日本產地直輸水果

プッチン デザート。

ちょっぴりキュートな昼下がり
さわやか笑顔で
プッチン/デザート召し上がれ──。

スキ●大好き!

山梨の
ぶどう

山梨小無子
葡萄禮盒

日本山梨縣產
的小無子葡萄，
每次去東京時，
我一定會去超市
買的小葡萄，
在東京超市有
小份量包裝的，
果實非常小，
要叫它迷你葡萄
也很貼切，
自用送禮都很適合。
市價禮盒約
2,500元～3,300元。

尋在台灣買得到の
日本產地直輸水果

日本島根
小無子葡萄

日本島根產的
小無子葡萄，
想感受一顆顆迷你葡萄，
入口不用吐籽的滋味嗎？
基本上我都是
一顆顆吃不停的，
市價一小盒約400元。

尋在台灣買得到の日本產地直輸水果

日本頂級
弘前套袋富士

比一般富士蘋果
再帶點酸，
有自己獨特的
濃郁蘋果香，
果肉中果汁比較多，
外皮也較鮮紅，
市價一盒約300元。

尋在台灣買得到の
日本產地直輸水果

日本佐賀蜜柑

日本佐賀縣
除了有超級阿嬤！
還有佐賀產地
的唐津蜜柑，
包裝上註明溫室，
溫室的品種可以
將溫度與濕度，
做精密的控管，
對於講究水果
甜度與熟度的饕客來說，
就是不能抗拒
的品質與美味，
市價一盒約
1,500～2,200元。

尋在台灣買得到の
日本產地直輸水果

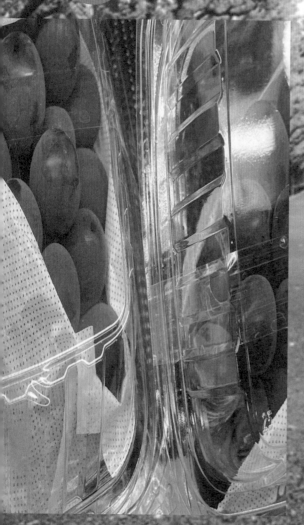

山梨縣
比歐內葡萄

常常聽到巨峰葡萄，
這款比歐內
的葡萄品種也為巨峰，
也有進口商
稱為無子巨峰，
外型黑亮有光澤，
非常適合送禮，
果肉豐滿多汁，
葡萄香味迷人，
市價一串約990元。

尋在台灣買得到の
日本產地直送海鮮

北海道直送
馬糞海膽

去日本旅遊時，
除了會去東京鬧區
找OYSTER BAR，
也很愛去各類餐廳吃
生食的海產，
有時候消夜時段，
會跑去飯店
附近的24小時大型超市，
買盒裝的生魚片，
不得不說日本東京超市
的生魚片種類真的很多，
由於產地的因素，
很多都是只有
日本當地才吃得到，
現在很多台灣
各縣市鬧區百貨
的大型超市，
也都有引進。

尋在台灣買得到の
日本產地直送海鮮

北海道直送
日本直送

日本直送的生魚片
與生鮮食品，
只能說時代的進步，
讓喜歡吃日本產地
海鮮的饕客，
在台灣也能找得到
日本產地直送的
生食等級海鮮食品了！

尋在台灣買得到の
日本直送進口飲料

溫州蜜柑氣泡飲

原產地為
日本大阪府，
萃取溫州蜜柑
為原料，
加上小蘇打氣泡，
夏日喝瓶冰鎮的
氣泡飲最對味，
市價約129元。

尋在台灣買得到の
日本直送進口飲料

筑波乳業
無糖濃醇杏仁奶

主要以日本植物奶製成，
尺寸很小一瓶，
包裝上註明
砂糖不使用，
無糖適合喜歡
濃厚杏仁口味的人，
可以喝到類似
杏仁果核的原味，
包裝最上面
標示食品添加物不使用，
市價約59元。

尋在台灣買得到の
日本直送進口飲料

黑糖蜜寒天

冰在冰箱更對味，
紅豆、果粒加上黑糖蜜，
標榜岡崎物產，
我也試過台式
剉冰的方式，
先將剉冰置於盤中，
再將此款黑糖
寒天淋上剉冰，
市價約69元。

尋在台灣買得到の
日本直送進口飲料

黑豆宇治茶

熱水沖泡或冷泡都適合，
原產地為日本
神奈川縣，
包裝右邊標示，
使用日本產地的
丹波種黑大豆，
非常濃郁清香，
市價約145元。

尋在台灣買得到の
日本直送進口飲料

薄荷巧克力飲料

有非常濃醇味
的巧克力飲品，
以比利時巧克力作原料，
除了有巧克力的甜味，
入口後會有
一股清涼薄荷的清香，
市價約39元。

尋在台灣買得到の
日本直送進口飲料

梅子昆布沖泡茶

這款沖泡茶是我在東京，
偶然在朋友住宿的
商務旅館內他請喝到的，
包裝上右上角標示，
使用北海道
道南產的眞昆布，
加上梅子提味
非常特殊，
也可以在
調理料理時加入，
市價約59元。

尋在台灣買得到の日本直送進口飲料

黑芝麻黃豆粉

包裝上標示
有豐富食物纖維，
喝一杯大約有
5,500粒的黑芝麻，
泡起來有濃郁
的黑芝麻與豆漿味，
省去自己磨芝
麻與黃豆的時間，
600cc喝完會飽足感，
市價約159元。

尋在台灣買得到の

日本進口特產米

秋田
美鄉町
小町米2KG

日本秋田縣
產地名產，
米飯會偏黏，
用電鍋蒸就
可以非常完美，
我試過靜置
冷卻後也好吃，
市價約520元。

尋在台灣買得到の
日本進口特產米

北海道
夢之美米
千野米穀店2KG

日本北海道
當地稀有特產，
米飯顆粒比一般大粒，
千野米穀店出品，
保存方式建議用密封袋，
擠出多於空氣後，
置於冰箱的蔬果室中，
市價約600元。

尋在台灣買得到の
日本進口特產米

新瀉
米新之助1KG

跟日本一些知名
的米飯品種相比，
算是新品種，
米飯還自帶甜味，
也是新瀉當地很多
餐廳與小館，
常使用的米飯品種，
市價約330元。

尋在台灣買得到の
日本進口特產米

宮城縣
伊達正夢米
2KG

日本宮城縣特產新品種，
米飯顆粒較一般大，
用來炒飯會
粒粒分明，
入口後會有甜味，
也非常有彈性，
市價約650元。

尋在台灣買得到の
日本進口特產米

北海道
七星米2KG

日本北海道產地特產，
千野米穀店出品，
大米外表形容
有如天上的北斗七星，
而取名七星米，
沒有什麼黏性，
靜止冷卻後非常適合
拿來炒台式口味的炒飯，
市價約560元。

尋在台灣買得到の日本進口特產米

新瀉縣惠子
越光玄米2KG

玄米就是我們
台灣說的糙米，
日本新瀉縣
上越市產地的
五位農夫合力種植，
口感比一般糙米軟，
適合不喜歡吃，
顆粒感太明顯
的饕客食用，
市價約550元。

尋在台灣買得到の
日本進口特產米

京都
丹波農樹
特別糙米2KG

日本京都的
農樹株式會社栽種，
京都的丹波
為產地，
煮熟後
有一股自然的香味，
口感有嚼勁，
市價約650元。

尋在台灣買得到の

日本進口特產米

滋賀縣
琵琶湖水鏡米
1KG

據說為日本滋賀縣
才有的特殊品種，
煮熟後的米飯帶有光澤，
靜止冷卻後會有粘度，
我自己是有嘗試
用來做握壽司，
因為特有的黏度
非常容易成功，
市價約290元。

尋在台灣買得到の
日本進口特產米

新瀉縣
魚沼高橋越光米
2KG

產地為日本新瀉縣
魚沼地區十日町，
標榜自然栽種，
就類似台灣說的
有機耕種，
以不破壞土地
環境為原則，
市價約880元。

尋在台灣買得到の
日本進口特產米

新潟縣
魚沼越光米
嚴選米2KG

日本新潟縣，
魚沼產地的越光米，
是世界著名的
越光米產地之一，
據說是日本當地居民
心中品質最好的米種，
米飯很黏口感很特別，
市價約800元。

尋在台灣買得到の
日本直送進口零食

紅豆糖
鹽味櫻花

主要以北海道
十勝產紅豆為原料，
加上長崎縣
五島瀨產磯鹽
製作的鹽糖，
混合製作的糖果內餡，
在日本旅遊時
常常會買來吃，
黑色為鹽味款，
粉色為鹽味櫻花，
市價約89元。

尋在台灣買得到の
日本直送進口零食

芝麻紅豆烤麻糬
小倉紅豆烤麻糬

以日本產地的
糯米加芝麻紅豆的內餡，
只要使用家裡的烤箱，
就可以重現
日本居酒屋中，
餐後總會來一塊
甜甜的烤麻糬，
而另一款
小倉紅豆烤麻糬，
紅豆產地為北海道，
標榜小倉紅豆餡，
兩款市價約109元。

尋在台灣買得到の
日本直送進口零食

黑糖羊羹

從小就愛吃羊羹，
小時候也一直
認為羊羹是不是羊作的？
來源的傳說之一
為羊羹本來
真的是羊肉羹，
遇冷會結成凍狀，
而後日本演變為
用紅豆內餡代替羊肉，
成為現在品茗時
都會來一塊
經典的羊羹甜點，
此款使用產地
北海道的紅豆，
與沖繩著名的黑糖製成，
市價約65元。

尋在台灣買得到の日本直送進口零食

北海道薄荷糖

包裝右下角註明，
以北海道北見市
產地薄荷油，
為主要原料，
透明的顏色，
感覺入口後就會
清涼感受十足，
市價約79元。

尋在台灣買得到の
日本直送進口零食

螃蟹風味洋芋片

右下角標示
MADE IN JAPAN，
捨棄熱量較多
的油炸方式製作，
我個人也非常喜歡，
螃蟹味非常濃厚，
洋芋片
口感清脆，
市價約69元。

尋在台灣買得到の
日本直送進口零食

**MOHEJI
綜合海鮮煎餅**

不喜歡重複
吃同一種口味的零食？
這款包括了
蝦味仙貝、
香辣花枝仙貝、
滿月仙貝、
梅子仙貝、
蝦味條、
綱揚米果…
一次大大滿足
不同口味的仙貝，
市價約89元。

尋在台灣買得到の
日本直送進口零食

沖繩縣產黑糖使用

黑飴黑糖

包裝右邊註明，
使用沖繩縣
產地的黑糖，
內餡採用香味
濃醇的生黑糖，
完整包覆後，
入口即感受
沖繩名產的魅力，
市價約79元。

尋在台灣買得到の
日本直送進口零食

懷かしいおやつ

おさかな
ぼーろ

魚型餅乾

非常懷舊的日本零食，
魚外型的造型
容易吸引小孩目光，
重現昭和年代
兒時的回憶，
香脆可口魚香味十足，
市價約69元。

尋在台灣買得到の
日本直送進口零食

布丁風味
豆乳餅乾

包裝最上面
標示以豆乳為原料，
外表口感香脆，
以夾心的方式呈現，
內餡包著布丁
口味的奶油，
市價約89元。

尋在台灣買得到の
日本直送進口零食

煙燻白蘿蔔
風味米菓

以日本秋田縣
的名產漬物，
煙燻白蘿蔔
發想生產，
煙燻味頗重很香，
喜歡吃煙燻食品
的饕客會很愛，
在家的消夜時段
大推零食款，
市價約69元。

尋在台灣買得到の
日本直送進口零食

瀬戸内蒲刈産 海人の藻塩使用

旨塩のり天

鹽味炸海苔

常常吃日本
天婦羅炸物時，
都會吃到一片炸海苔，
包裝右邊標示，
以瀬戸內蒲刈產
海人的藻鹽，
與日本產地的海苔
製成的餅乾零食款，
市價約119元。

尋在台灣買得到の
日本直送進口零食

香檬風味
炸花枝餅乾

以沖繩產地的
香檬粉與海水塩，
作為主要調味原料，
檸檬的香氣與口感，
在炎炎夏日食用最順口，
市價約119元。

尋在台灣買得到の
日本直送進口零食

とろ〜り こう こわやか あんにんてい

KA

杏仁豆腐糖

超萌口的外包裝，
使用香味重的杏仁醬，
製成糖果零食，
喜歡喝杏仁茶
或吃杏仁凍
的杏仁愛好者，
可以體驗吃吃看，
市價約69元。

尋在台灣買得到の
日本直送進口泡麵

MOHEJI
生薑醬油拉麵

日本新瀉縣口味拉麵，
湯頭為日式醬油湯底，
有大量的生薑味，
熱湯入喉後
有暖暖的感覺，
喜歡吃生薑的饕客
可嘗試，
市價約69元。

尋在台灣買得到の
日本直送進口泡麵

MOHEJI
鍋巴湯

很少見的鍋巴泡湯，
用熱水沖泡後
鍋巴很有嚼勁，
有兩種口味，
柚香胡椒口味
有特有的胡椒香味，
更融合近年
最熱門的柚子拉麵口味，
海鮮香鹽口味
則有濃厚的海鮮風味，
市價約139元。

尋在台灣買得到の日本直送進口泡麵

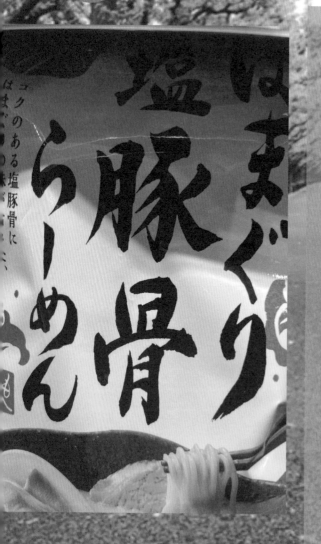

MOHEJI
北海道蛤蜊
豚骨鹽味拉麵

標榜以北海道
產地的小麥粉製作，
蛤蜊與豚骨味
混和的湯底，
所以會喝到
濃濃的蛤蜊味，
麵條也保有Q度，
是非常值得
一試的泡麵款，
市價約69元。

尋在台灣買得到の
日本直送進口泡麵

PAD THAI
日本進口
泰式炒麵

如果你吃過
台式的大乾麵泡麵，
基本料理方式是一樣的，
先用熱水將麵煮熟後，
將料理包與配料
加入平底鍋拌炒，
有一點像台式
炒泡麵的料理方式，
我也試過麵煮熟
後不拌炒，
直接加料理包吃也不錯！
市價約109元。

尋在台灣買得到の
日本進口料理包

JIM JUM
日本進口香草鍋

泰式風味的香草湯底，
但如果可以自己
準備一些例如
青菜、菇類…
或者肉類、海鮮配料
加入後味道更佳，
會有非常濃郁的香草味！
市價約109元。

尋在台灣買得到の
日本進口料理包

素材がおいしい

九州産たけのこ使用

たけのこをたっぷり使用し
かつおと昆布の出汁と
九州醤油で上品に仕上げた

たけのこごはんの素

約米2合用
(2～3人前)

竹筍鍋飯料理包

包裝標示以
九州產地的醬油與竹筍，
再加上柴魚與昆布提味，
九州產的竹筍份量超多，
輕鬆吃一碗較為
清淡的日式餐點，
市價約179元。

尋在台灣買得到の日本進口料理包

菇類鍋飯料理包

包裝左上角標示，
選用椎茸、
杏鮑菇、
舞茸、
鴻喜菇製作，
都是日本產地特產，
只要加熱再添碗白飯，
濃郁的綜合菇香，
不想吃肉食時的好選擇，
市價約179元。

尋在台灣買得到の 日本進口料理包

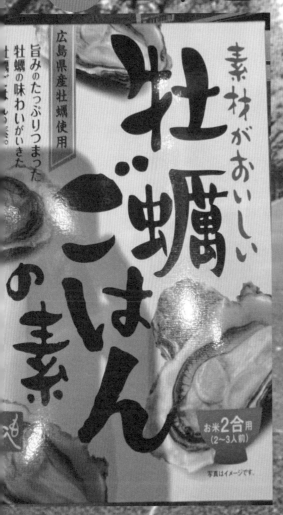

牡蠣鍋飯料理包

個人非常喜歡吃
牡蠣與生蠔，
這款以日本
廣島縣產的牡蠣，
電鍋加熱後，
就能馬上吃一碗
滿滿牡蠣的鍋飯，
市價約299元。

尋在台灣買得到の日本進口料理包

素材のおいしさ、ギュッと

もう一品のお野菜

国産 きのこ

ぶなしめじ・まいたけ・エリンギ

綜合菇類料理包

以日本產地
鴻喜菇、
舞茸、
杏鮑菇，
綜合調理的料理包，
隔水加熱或
電鍋加熱都可，
也可以淋上個人
喜愛的調味料，
市價約79元。

尋在台灣買得到の
日本進口料理包

MOHEJI
湯底調味包

包裝上標示，
以日本北海道產地昆布，
融合椎茸、
鹿耳島鰹節…
無添加化學調味料
與保存料，
想要來一碗
純日式的湯品，
在煮湯時加入
此湯底包試試，
市價約179元。

尋在台灣買得到の
日本進口料理包

COFFEE FARM
SABA水煮
鯖魚罐頭

食材原料使用
日本產地的鯖魚，
減鹽口味減輕身體負擔，
可水煮加熱，
或直接開罐食用，
我都是拿來加在泡麵裡，
市價約99元。

尋在台灣買得到の日本進口料理包

干貝鍋飯調理包

將料理包加熱後，
洗個澡的時間，
加在白米飯上，
就能輕鬆享用
日式干貝鍋飯的美味，
包裝左上角標示
北海道產帆立使用，
分量大約2～3人份，
市價約169元。

尋在台灣買得到の
日本直送進口醬料

MOHEJI
甘甜鮮味醬油

很偶然在東京的居酒屋，
點玉子燒時，
服務生拿了這罐
甘甜鮮味醬油當佐料，
一吃就愛上！
我個人認為跟荷包蛋
也非常的搭，
原料以昆布與
鰹魚乾釀成，
市價約129元。

尋在台灣買得到の
●日本直送進口醬料

十勝豚丼醬汁

想要在家自製
日式豚丼的必備配料，
除了醬油以外
主要以味增作為原料，
也可以與台式的
料理作搭配，
例如炒青菜或蔥爆肉片…
包裝標示
不使用化學調味料，
市價約139元。

尋在台灣買得到の
日本直送進口醬料

MOHEJI
鹽麴薑燒醬

日式薑燒豬肉丼
常會吃到的味道，
包裝標示以
鹽麴混合生薑，
提味升級百分百，
拿來單炒肉片就很夠味，
市價約149元。

尋在台灣買得到の
日本直送進口醬料

40g×2袋入り

北海道のからあげ

炸雞調味包

在家自己裹粉
自製炸雞的好幫手，
有沒有覺得
在日本吃到的炸雞，
與常在台灣吃的
美式炸雞口感有些不同，
例如麥當勞與
摩斯漢堡的炸雞，
在外皮的口感
就有很大的不同。
在裹粉前將食材
與此醬料包混合
靜置15分鐘，
包裝標示以北海道產地
的醬油製成，
想要完美複製
在日本當地吃到的炸雞，
此調理包大推！
市價約59元。

尋在台灣買得到の
日本直送進口醬料

柚子紅辣椒醬

個人很愛吃辣，
近年也很流行
柚子豚骨拉麵，
如果你是愛
吃辣又愛柚子味的，
那一定要試試
這款柚子紅辣椒醬，
包裝右邊標示
以大分縣產地的唐辛子，
加上九州產地的柚子，
左邊註明了
食品添加物不使用，
我試過沾烤肉、水餃…
拿來拌麵也都很不錯，
市價約129元。

尋在台灣買得到の
日本直送進口醬料

黃柚子辣椒

不使用人工色素，
使用眞的黃辣椒製成，
非常的嗆辣，
包裝標示使用
九州產的原料，
開封後要冷藏保存，
推薦要很能
吃辣者試試看，
市價約215元。

尋在台灣買得到の
日本直送進口醬料

梅子辣椒醬

包裝左邊標示
以日本產地的赤唐辛子，
加上福井縣產地
的紅映梅，
不使用添加物，
個人認為
比較適合沾海鮮，
有融合海鮮鮮味的效果，
市價約149元。

尋在台灣買得到の日本直送進口醬料

芝麻辣油

包裝標示以
岩井胡麻油製成，
會聞到濃厚的芝麻香，
如果不喜歡辣椒醬，
或有辣椒顆粒的醬料，
這款芝麻辣油很推！
市價約109元。

尋在台灣買得到の
日本直送進口醬料

七味醬

包裝右邊標示，
日本信州老舖
味增屋口味，
可以用在很多
日式的料理上，
佐串燒尤其適合，
與一般純辣醬不同，
包裝上也註明
萬能辛味的調味料，
市價約149元。

尋在台灣買得到の 日本直送進口醬料

日本油漬辣椒

包裝標示使用
日本產地的青唐辛子，
非常的嗆辣，
與一般紅辣椒味道不同，
建議要非常
能吃辣才嘗試，
市價約179元。

尋在台灣買得到の
日本直送進口醬料

山葵芝麻沙拉醬

如果你跟我
一樣喜歡山葵香，
可以試試這款沙拉醬，
包裝上標示
採用日本伊豆產地山葵
混合了芝麻醬，
我自己是喜歡
拿來沾冷盤的食物，
左邊是山葵芝麻沙拉醬，
右邊是清爽山葵醬汁，
市價約99元。

尋在台灣買得到の
日本直送進口醬料

MOHEJI
芝麻香蒜沙拉醬

在瓶底可以看到
芝麻顆粒的沙拉醬，
芝麻味濃醇，
我自己是拿來炒飯，
還別有風味，
也可以拿來當
生菜沙拉醬，
市價約139元。

尋在台灣買得到の
日本直送進口醬料

蒜味柚子風味
調味醬

以日本青森縣
產地的大蒜，
有很濃的大蒜味，
加上柚子香氣的調和，
多了份清香感，
非常適合拿來沾水餃，
市價約162元。

尋在台灣買得到の
日本直送進口醬料

MOHEJI
壺造黑醋

包裝上標示
日本鹿耳島產地，
用產地方式釀造，
因釀造過程會發酵，
在佐料時會
略帶點香香酸味，
市價約378元。

尋在台灣買得到の日本直送進口醬料

MOHEJI
一番果醋

熟食與冷盤
都適合的綜合調味料，
包裝標示萬能調味料，
果產果汁100%使用，
以非常多原料調味而成，
包括鰹魚乾、
香菇、
昆布…
加上清新的柚柑、
酢橘、
柚子…
非常用心的果醋，
市價約199元。

尋在台灣買得到の
日本直送進口醬料

MOHEJI
飛魚湯底醬料

包裝上註明
八倍稀釋的飛魚湯底，
非常濃郁所以拿來
當醬料也可，
我自己是煮湯時
無論清湯或味增，
加個幾滴會有
飛魚的鮮味，
用來在火鍋的昆布清湯中
也非常適合，
市價約189元。

尋在台灣吃得到の
●TSUJIRI 辻利茶舖

由辻利右衛門先生創立，
至目前仍堅持用
傳統石臼生產抹茶，
抹茶又稱喝的綠色蔬菜，
我自己最愛的是
冰的輕抹茶，
還買了罐梅之白抹茶粉，
自己回家隨時
可以沖泡飲用。
梅之白抹茶產地為，
京都宇治之
無農藥栽培茶葉，
來辻利茶舖台北店時，
剛好遇到～
台灣總經理內田翔太郎，
他教我抹茶粉要用茶筅，
加80度C熱水刷茶，
手指與手腕的力道
要拿捏好才能刷出，
完美的一杯抹茶。
我一直持續練習中～
梅之白抹茶粉480元，
八十本立茶筅500元。

尋在台灣吃得到の
◯TSUJIRI 辻利茶舖

除了冰抹茶是我的最愛，
我推辻利抹茶
夾心薄燒禮盒，
法式薄餅中夾著
抹茶白巧片，
還使用石臼研磨的
丸倉抹茶粉製成，
非常適合拿來當伴手禮，
辻利抹茶夾心薄燒禮盒
市價約599元。

還有令人驚豔的～
季節限定的
辻利抹茶冰心大福，
嚼勁十足的大福外皮，
夾著抹茶奶油，
可在店鋪內用或者外帶，
我自己喜歡
讓大福拿出冷凍庫後，
等約莫五分鐘後的口感，
喜歡大福的朋友
可以嚐試看看，
冰心大福外帶
優惠價269元。

尋在台灣吃得到の
TSUJIRI 辻利茶舖

而辻利抹茶米香餅，
特別的是以台灣西螺的
濁水米為原料，
不添加防腐劑與色香料，
TSUJIRI 辻利茶舖
台灣的店舖，
有別於日本店舖的是，
有時會用台灣在地原料，
推出一些日本店舖
沒有的限定小點與飲品，
非常值得一試，
辻利抹茶米香餅
一盒399元。

辻利抹茶杏仁捲，
用辻利的抹茶粉
混合白巧克力，
與杏仁角製成的糙米捲，
杏仁的香味清新香濃，
推薦給喜歡～
杏仁味的饕客。
辻利抹茶杏仁捲
一盒299元。

參考資料提供：
TSUJIRI 辻利茶舖台北店

尋在台灣吃得到の 大倉久和鐵板燒

日本大倉飯店集團
(Hotel Okura Co., Ltd)，
為日本國際五星級
連鎖飯店集團，
旗下日本大倉飯店
(Okura Hotels & Resorts)
2018- 2020年
米其林住宿推薦的
頂級飯店之一，
總計在日本約
擁有52間連鎖飯店，
海外則約有25間飯店。
在台北名稱為
台北大倉久和大飯店
The Okura Prestige
Taipei。

尋在台灣吃得到の
大倉久和鐵板燒

台北有東京直輸的
山里日本料理，
我推薦的是
山里的鐵板燒吧台區，
吃鐵板燒
就是要坐廚師正對面，
感受廚師料理的過程，
前菜的三品小點
很有日式精緻的風味，
我很推每道料理
所搭配的醬料，
明蝦與干貝旁
配的是手打海膽醬，
圓鱈配的是紅燒洋蔥醬，
可以吃到很多
細小的洋蔥塊，
羊排旁邊搭配的是
手打蒜泥醬，
蒜味非常濃稠，
黃金炒飯與甜點
也都有一定的水準，
晚餐時段套餐
大約2,500元。

淺草
合羽橋道具街

這是我每每到淺草，
都還是會去
逛逛的餐具道具街，
從淺草雷門
往西淺草方向走，
也可搭電車到田原町駅，
或者筑波快線
Tsukuba Express淺草駅
走路五分鐘左右
可以開始逛，
有點像秋葉原般
在馬路兩旁，
集結了一家又一家的
日本餐具店鋪，
可以找到全日本各餐具
產地的工藝品、
餐具、飾品、
營業用道具、鍋具…等。

208

步行的漫遊視角の
東京商圈路地横丁

和牛一頭11種盛合せ　8,980円

盛合せ

和牛一頭11種盛合せ　8,980円
Assorted 11 Kinds of Japanese Beef
整头和牛11种拼盘
特製塩　又は　特製タレ

カルビ・ももロー

カルビ
Rib Mix / 牛勒窩
特製塩　又は　特製タレ

和牛
一頭11種盛和

都營地下鐵淺草駅
往雷門通り走，
會先看到很有淺草雷門
地域文化的壁面，
淺草雷門附近
有很多商店街，
從雷門的大燈籠直走
就是很有昭和感
的仲見世商店街，
往左邊巷子的區塊走
就會找到大黑家，
大黑家的炸蝦飯
是我每來必吃的，
通常別館位子
比較容易等。
附近的商店街
有很多特色店鋪與餐館，
在這也吃過
和牛一頭11種盛和，
一次可以吃到
和牛11種不同部位的肉，
至今仍念念不忘！

步行的漫遊視角の
東京商圈路地橫丁

金龍山淺草寺

而從雷門的大燈籠直走到
底就是金龍山淺草寺，
可以在這向淺草觀音
拜拜求個御守保平安，
也是東京都內目前歷史
最悠久的寺院之一。
面對雷門大燈
籠往右手邊走，
會看到吾妻橋與遠眺的
晴空塔SKYTREE，
30F有我大推～
可以邊用餐
邊看夜景的敘敘苑，
附近也有可以體驗，
SKY Duck水陸兩用車
遊東京的營業所。

步行的漫遊視角の
東京商圈路地橫丁

原宿
神宮前步道橋

這是在原宿表參道上
的神宮前步道橋，
圖片上我站的這個視角，
左手邊是如果
你從裏原宿逛出來，
與表參道的交接處，
石階上有台
歷史悠久的咖啡車，
逛累了在這喝杯咖啡
是不錯的選擇。

步行的漫遊視角の
東京商圈路地橫丁

南青山

要到我右手邊的貓街或
KITTY LAND區塊，
最快最安全的連接步道，
透明發光那棟是
CHRISTIAN DIOR
表參道旗艦店，
這麼多年它依然很美麗。
剛神宮前步道橋上
視角往前走，
就是很多國際精品品牌，
與一些潮流品牌林立
的南青山，
當年KAWS的
ORIGINAL FAKE、
奈良美智A to Z Cafe…
店舖都在南青山。
剛神宮前步道橋上視角，
左手邊往
南青山走有表參道Hills，
多層次幾何的
室內商店街與階梯，
非常值得去打個卡的。

步行的漫遊視角の
東京商圈路地橫丁

MARION可麗餅
ZAKUZAKU
SOFT北海道泡芙

神宮前步道橋
視角往後走，
則是會經過與表參道
交叉的明治通，
往LAFORET走會到竹下通
與裏原宿明治通
入口處的交接，
竹下通裡的
MARION可麗餅、
還有ZAKUZAKU SOFT
北海道泡芙都值得一吃，
ZAKUZAKU SOFT
前幾年開始
有進駐台灣囉！

步行的漫遊視角の
東京商圈路地横丁

原宿
乃豆柴カフェ

是讓你感受寵物魅力
的休憩空間，
如果你跟我一樣
喜歡柴犬，
但又怕照顧不好不敢養，
可以來這喝杯咖啡，
體驗阿柴的魅力，
也有貓頭鷹主題館！
另一邊與貓街
平行方向的明治通，
則可一路走到涉谷，
我非常建議，
到了原宿如果你下一站
行程是涉谷，
不要再往回走到
原宿駅搭山手線了
試試我推薦的
路線步行前往吧。

步行的漫遊視角の
東京商圈路地橫丁

柚子口味拉麵
AFURI阿夫利

神宮前步道橋視角
往後走
若不轉進明治通，
而是順著表參道走，
則會一路回到JR原宿駅，
也會看到竹下通口，
TAKESHITA STREET
的入口招牌，
如果剛到原宿
是用餐時段，
可以選擇
先不進入竹下通，
往左手邊走一下，
就會看到近年
日本很流行的
柚子口味拉麵
AFURI 阿夫利。

步行的漫遊視角の
東京商圈路地橫丁

原宿
貓街

從表參道大馬路上
轉進的小巷子，
可以一路通到
涉谷公園通附近，
也就是涉谷的
TOWER RECORDS，
貓街與表參道路
口旁的BUILDING，
裡面有Trading Museum
Comme des Garçons，
有CDG很多
系列的產品線。

步行的漫遊視角の
東京商圈路地橫丁

LUKE'S LOBSTER 龍蝦堡

貓街裡有很多小餐館，
我到這都會買一份～
LUKE'S LOBSTER
的龍蝦堡。
還有一家關西風
的章魚燒，
外皮是軟的與關東風
外皮有點像酥炸
的口感不同。
貓街裡也有很多選貨店
例如我最愛的RAGTAG，
也有些運動品牌
的主題商店～
ADIDAS Originals
FlagshipStore Harajuk、
PUMA、
THE NORTH FACE、
REEBOK、Columbia…
還有很多特色小店，
可以在充滿
好奇心的狀況下，
一晃眼就走到涉谷了。

步行的漫遊視角の
東京商圈路地橫丁

銀座
TOKYU PLAZA GINZA

我通常會把
銀座、日比谷、
有樂町三個區塊，
規劃為一日的徒步行程，
每次看到它就
讓我想到電影回到未來～
若以銀座最知名的
和光時計台為中心，
旁邊有
MITSUKOSHI銀座三越、
還有由江戶切子設計
玻璃帷幕的
TOKYU PLAZA GINZA，
6F的KIRIKO LOUNGE，
可以讓人在那裡
悠哉地喝咖啡。

步行的漫遊視角の
東京商圈路地橫丁

銀座
あけぼの大福

銀座あけぼの大福
也是我去銀座必買的，
大約300日圓一顆，
白玉栗大福
是秋季限定品。
而GINZA SIX，
建築物裡面的
裝置陳設
值得來打個卡！

步行的漫遊視角の
東京商圈路地橫丁

SONY FM

往並木通與
數寄屋橋方向走，
有2018年誕生的
Ginza Sony Park，
2022年後會建成
新的SONY BUILDING！
路邊有台
SONY FM電台的鐵皮車，
約二十幾年前
台北忠孝東路四段
與216巷口，
有個ATT廣場
也有電台在那進駐，
透過透明帷幕
讓民眾看到
錄音的現場與來賓。

步行的漫遊視角の
東京商圈路地橫丁

TOHOシネマズ 日比谷

再往日比谷駅走，
會遇到JR山
手線軌道橋下的區塊，
這裡有很多橋下的
居酒屋與小攤，
我很喜歡夜晚
在這用餐的氛圍。
附近也有
TOHOシネマズ 日比谷，
可以拍到野生的Godzilla，
當年開幕時還有很多
Godzilla的紀念商品。

步行的漫遊視角の 東京商圈路地橫丁

阿美橫丁アメ橫 うえちゅん上中

因為從台灣去日本旅遊，
會從桃園機場飛成田，
而從成田機場
搭各類交通工具，
最快到達東京都市區內
的門戶就是上野，
相信台灣的民眾對上野
也都有很熟悉的親切感，
車站附近就有很多
台灣人經營的民宿。
上野駅前的
YAMASHIROYA，
營業時間晚一整棟的
玩具新品非常好逛。
對面有我愛的一蘭拉麵，
京城上野駅旁的
上野動物園，
也是我大推的親子行程，
最主要離車站近，
安排在行程內非常方便。
來到上野
當然不能錯過阿美橫丁，
如果是第一次來日本，
可以把它想成台灣夜市與
傳統市場的綜合版。
這裡早期二戰結束後，
聚集很多販售
美軍商品的商店，
早年很多日本人
稱為黑市，
在電影新宿事件裡
也有帶到類似的場景。
這是我最愛的上野視角，
左邊是
阿美橫丁アメ橫的招牌，
黃昏前的時段
兩旁會有很多魚攤，
如果你住的是附近
的民宿可下廚，
非常建議來這買
每日新鮮的，
天使蝦、昆布、鱈場蟹、
貝類、現流魚…等，
價錢會讓你覺得驚豔！
攤販後面軌道橋下空間，
很多小型店鋪有日本
傳統文化的商品，
雜貨、零碼的
運動品牌商品…等。
右邊是うえちゅん上中，
也就是上野中通商店街，
這條沒有魚攤菜攤，
比較多美食小館、
餐廳還有服飾店，
來上野感受下
日本類夜市吧！

步行的漫遊視角の
東京商圈路地横丁

涉谷神宮通り
道玄坂

視角為
涉谷駅前神宮通り
與道玄坂交叉路口，
有很多好萊塢電影與
日劇都在這個路口取景，
也會看到很多
可以付費體驗的
卡丁車跑來跑去。

步行的漫遊視角の
東京商圈路地横丁

LOFT涉谷店

在道玄坂與
文化村通り交叉路口，
往前走會看到知名的
SHIBUYA 109，
文化村通直走
會遇到DONKI，
還有H&M與東急百貨。
在道玄坂與文化村通り，
交叉路口旁
有條行人徒步巷子
為渋谷センター街，
裡面可以直通
井の頭通り，
就會看到我前面篇章提到
買文具最愛去的
LOFT涉谷店，
在以前ZARA的對面，
現在是IKEA。

步行的漫遊視角の
東京商圈路地橫丁

井の頭通り
愛山通り

渋谷センター街両旁，
有很多特色小店，
以前這還有我很愛的
HMV的入口，
時代的眼淚～
往井の頭通り裡走，
無論直走或
往宇田川通り進去，
這個三角處
就是我最愛的動漫基地，
MADARAKE渋谷店。

步行的漫遊視角の
東京商圈路地橫丁

PARCO123

井の頭通り與宇田川通り
交叉口旁邊有一棟
Shibuya Zero Gate，
疫情前是一整棟Bershka。
而若井の頭通り直走，
右手邊會有很多斜坡，
會先看到
スペイン坂(西班牙坂)，
裡面有很多小店與餐館，
若繼續直走井の頭通り，
再來會遇到愛山通り，
往愛山通り會看到，
BAPE STORE涉谷店，
旁邊是我最愛逛的
PARCO百貨。
以前還有分PARCO 1、
PARCO 2、
PARCO 3三棟，
當年A BATHING APE
還與PARCO百貨
聯名出過T恤，
旁邊還有PARCO劇場…等
時代的眼淚～
在我出生以前，
其實台北有出現
新光PARCO，
據說一直到中華商場
拆遷前都存在。

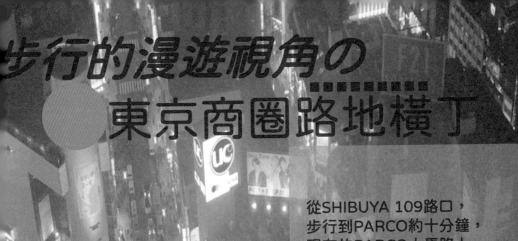

步行的漫遊視角の
東京商圈路地橫丁

從SHIBUYA 109路口，
步行到PARCO約十分鐘，
現在的PARCO大馬路上
為公園通り，
交叉路口一邊
為オルガン坂，
沿著オルガン坂走，
就是我前面章節
有推薦的，
TOKYU HANDS
東急手創館
一整棟的涉谷館。
而交叉路另一邊為
フィンガーアベニュー，
從公園通り與
フィンガーアベニュー
直角的這個區塊，
任何一條巷子進去，
會看到我很愛的選貨店～
RAGTAG、BEAMS、
KIND、RINKAN…
周邊也有很多潮流品牌
與服飾店，
也是我在貓街章節中
提到從表參道貓街，
直走就會到涉谷的區塊。

步行的漫遊視角の
東京商圈路地橫丁

新宿KOMA劇場

很多朋友來日本旅遊，
都會選擇住在新宿，
除了交通方便外，
還可以利用晚上的時間
來歌舞伎町打個卡～
從JR新宿駅東口出來後，
直走Moa2番街
遇到靖國通り交叉，
正前方會看到
DONKI新宿歌舞伎町店，
基本上DONKI旁這條巷子
是歌舞伎町內
較寬也較熱鬧的，
建議若是女性朋友
最好攜伴，
直走會先遇到
新宿格拉斯麗酒店，
HOTEL GRACERY
SHINJUKU地標，
會看到一個巨大的
GODZILLA頭在建築物，
進入建築物搭電梯登頂，
可與GODZILLA合影，
以前這個區塊為，
新宿KOMA劇場，
時代的眼淚～

步行的漫遊視角の
東京商圈路地橫丁

而剛剛在Moa2番街
遇到靖國通り交叉，
不轉進DONKI旁的巷子，
繼續往左邊
西武新宿駅走會看到
歌舞伎町一番街的招牌，
這個視角是新宿著名的
歌舞伎町入口處，
來新宿是一定要來
打個卡的，
從歌舞伎町一番街進入，
直走經花道通り交叉口，
進入2番街通旁有個公園，
沒多久會看到
一條大馬路是職安通り，
往右手邊看會看到
DONKI新宿店。
DONKI歌舞伎町店
的商品種類，
比較屬於觀光客客層，
而這間DONKI新宿店
比較屬於在地社區型，
如果你住新宿
晚上可以來這間
DONKI新宿店逛逛！
如果對新宿歌舞伎町文化
或歷史很有興趣，
可看香港電影新宿事件，
或歌舞伎町案內人
這本書。

步行的漫遊視角の
東京商圈路地橫丁

金色不如帰
新宿御苑本店

而一樣從
JR新宿駅東口出來後，
不前往歌舞伎町的區塊，
直接右轉新宿通り
往新宿三丁目駅方向走，
會看到新宿的
另一番景象，
這個區塊百貨
與購物中心林立，
有間連續摘星
日本米其林的拉麵店，
金色不如帰新宿御苑本店
我大推！
店門口貼滿了
MICHELIN GUIDE
歷年紀錄。

步行的漫遊視角の
東京商圈路地橫丁

六本木 TOKYO MIDTOWN

六本木
TOKYO MIDTOWN
這區塊，
很適合親子行程，
除了有購物中心，
還有
21_21 DESIGN SIGHT
美術館，
由日本大師
安藤忠雄設計建造。
TOKYO MIDTOWN裡，
我很喜歡從底層
往上拍的視角，
可以感受精心用
層次打造的建築設計。

步行的漫遊視角の
東京商圈路地橫丁

檜町公園
中庭花園

TOKYO MIDTOWN外的
檜町公園與中庭花園，
每年不同季節會有不同
的戶外展覽或活動，
可以在這吸點芬多精
小休憩一下，
我最難忘有次夏季，
穿浴衣在草皮內的
流水區泡腳，
還有冬季直接在草皮上
搭建戶外溜冰場的活動。

步行的漫遊視角の
東京商圈路地橫丁

國立新美術館
Blue Bottle
Coffee

附近還有國立新美術館，
來到六本木
如果是安排一日行程，
看個展還滿惬意，
美術館對面有
Blue Bottle Coffee，
除了著名的咖啡，
我很推它的熱狗堡～
之前也有來台北微風南山
成立快閃店！

步行的漫遊視角の
東京商圈路地橫丁

銀座篝
GACHA GACHA
COFFEE

六本木的另一個地標
ROPPONGI HILLS，
常常和另一個
日本大師村上隆，
規劃聯名活動，
也常常能在裡面買到
村上隆設計的周邊產品，
餐廳區可以吃到
另一家東京米其林拉麵～
Ginza Kagari銀座篝
六本木ヒルズ店，
銀座的本店是街邊店。
它的湯頭是
我很愛的雞白湯，
招牌是松露雞白湯拉麵，
也有進駐
台中三井OUTLET。
52F有扭蛋咖啡店
GACHA GACHA COFFEE

步行的漫遊視角の
東京商圈路地横丁

六本木通り

ROPPONGI HILLS
旁的大馬路
是六本木通り，
直走右轉外苑東通り，
會看到DONKI六本木店，
這裡是我認為
來六本木時，
從車站走出來五分鐘左右
就可以到達，
可以拍到不錯
東京鐵塔的都市視角。
如果時間允許，
可以前往東京鐵塔，
裡面不定期有很多主題
商店與活動，
沒去過的朋友
還是值得一去。

步行的漫遊視角の
東京商圈路地横丁

台場巨型鋼彈

以往很多朋友來東京，
都會想去
築地市場吃海鮮，
2018年正式搬遷到豐洲，
在新橋駅可以
搭百合海鷗線到達，
途中也可以到台場一遊，
許多日劇的名場景
東京灣、
彩虹橋、
自由女神像…等，
還有動漫迷一定會來
打卡的巨型鋼彈。

步行的漫遊視角の
東京商圈路地橫丁

富士電視台

以及全日本當年第一家
播出電視動畫的
富士電視台。
以前還有來台場必來的
PALETTE TOWN，
裡面有很適合情侶旅遊，
曾是世界最大的
Giant Sky摩天輪，
以及在室內天花板可以
看到天空雲彩的
VENUSFORT，
都已是時代的眼淚～

愛　生　活　　　0　6　8

等不及飛去日本玩？
嚴選各類平台、通路，找到日本直送的小物

國家圖書館出版品預行編目 (CIP) 資料

等不及飛去日本玩？：嚴選各類平台、通路，找到日本直送的小物
/ 禾白小三撇著 . -- 初版 . -- 臺北市：健行文化出版事業有限公司，
2022.09

　面 ;14.8×21 公分 . --(愛生活 :68)

ISBN978-626-96057-7-4(平裝)

1.CST: 商店 2.CST: 購物指南 3.CST: 臺灣

498.2　　　　　　　　　　　　　　　111012137

作　　　者——禾白小三撇
專題策畫與攝影協力—— FELICE
責任編輯——曾敏英
發 行 人——蔡澤蘋
出　　版——健行文化出版事業有限公司
　　　　　　台北市 105 八德路 3 段 12 巷 57 弄 40 號
　　　　　　電話／ 02-25776564・傳真／ 02-25789205
　　　　　　郵政劃撥／ 0112263-4

九歌文學網　 www.chiuko.com.tw

印　　刷——前進彩藝有限公司
法律顧問——龍躍天律師・蕭雄淋律師・董安丹律師
初　　版—— 2022 年 09 月
定　　價—— 400 元
書　　號—— 0207068
I S B N —— 978-626-96057-7-4
　　　　　　 9786269605781(PDF)